电子电器产品绿色设计理论与数字化应用

编著 刘果果 李 婕
高 深 陈伟强 郗文君 李 涛

机 械 工 业 出 版 社

本书围绕绿色设计为行业和企业带来的机遇和挑战，阐述了绿色设计的概念，梳理了其发展历程及现状；并基于全生命周期的绿色产品设计体系，详细介绍了电子电器产品的绿色设计研究。本书提供了一套实用的绿色产品设计流程，从目标设定、方法识别到产品评价，通过这一系列的步骤可以帮助工程师开发设计出符合绿色设计原则的产品。本书内容全面、新颖，在力求保持绿色设计技术系统性和完整性的基础上，更注重介绍一些实用、先进、相对成熟的工程实践案例。全书分为背景、绿色设计产品的全生命周期分析方法、产品绿色设计及在电子电器行业中的应用、电子电器产品绿色设计流程、电子电器产品绿色设计案例和电子电器产品绿色设计系统平台共六章内容。

本书可作为高等院校机械工程、工业工程、环境工程、管理工程等专业，以及制造相关专业的教材和教学参考书，也可作为产品设计人员、工程技术开发人员和管理人员的技术参考书。

图书在版编目（CIP）数据

电子电器产品绿色设计理论与数字化应用/刘果果等编著. —北京：机械工业出版社，2023.12

ISBN 978-7-111-74026-1

Ⅰ.①电…　Ⅱ.①刘…　Ⅲ.①数字化-应用-电子产品-产品设计-无污染技术②数字化-应用-电器-产品设计-无污染技术　Ⅳ.①TN602-39

中国国家版本馆 CIP 数据核字（2023）第 192088 号

机械工业出版社（北京市百万庄大街 22 号　邮政编码 100037）
策划编辑：江婧婧　　责任编辑：江婧婧
责任校对：樊钟英　梁　静　　封面设计：王　旭
责任印制：常天培
固安县铭成印刷有限公司印刷
2023 年 12 月第 1 版第 1 次印刷
169mm×239mm · 8.75 印张 · 129 千字
标准书号：ISBN 978-7-111-74026-1
定价：79.00 元

电话服务　　网络服务
客服电话：010-88361066　　机　工　官　网：www.cmpbook.com
010-88379833　　机　工　官　博：weibo.com/cmp1952
010-68326294　　金　书　网：www.golden-book.com

机工教育服务网：www.cmpedu.com

序言

PREFACE

随着人们对环境保护和可持续发展的意识不断增强，电子电器产品的绿色设计理论与应用变得日益重要。在过去的几十年里，先进制造技术的发展已经成为推动制造业进步的关键力量，而现在，我们面临的挑战是如何在追求技术进步的同时，保护地球的资源和生态环境，实现绿色可持续发展。

本书汇集了多个领域的专业知识，探讨了电子电器产品绿色设计的理论基础和实际应用。电子电器产品作为现代社会不可或缺的一部分，对于人们的生活和工作起着至关重要的作用。然而，随着科技的进步，电子电器产品的使用也带来了许多环境和资源问题，如废弃电子垃圾的增加、能源浪费、有毒物质的排放等。

在本书中，我们将深入探讨如何运用先进制造技术来实现电子电器产品的绿色设计，以减少其对环境的负面影响。我们还将探讨新材料、高效能源利用、清洁生产技术等方面的创新，以及如何在产品的整个生命周期中考虑环境和可持续性因素。

本书涵盖了现代设计技术、材料科学、能源技术、电子技术、自动化技术，以及现代管理技术等多个领域的内容，以确保读者对电子电器产品绿色设计有一个全面的了解。我们希望通过阅读本书，读者能够了解到电子电器产品绿色设计的重要性，以及在实践中如何应用先进制造技术来创造更加环保、高效和可持续的产品。

尽管我们在编写本书时努力克服了知识面和视野的局限性，但由于电子电器产品绿色设计所涉及的领域广泛，难免存在不足和疏漏。因此，我们诚挚地请求读者给予宝贵的意见和建议，帮助我们在重印或修订时进一步完善本书。我们相信，借助众多专家和读者的力量，电子电器产品绿色设计理论与应用必将迎来更加美好的未来。

编　者

2023 年 8 月于上海

目录

CONTENTS

1 背景

1.1 环境问题与可持续发展

1.1.1 资源环境问题及挑战

当前国际形势日趋错综复杂，地区冲突不断升级，全球粮食短缺问题突出，全球历史罕见极端天气频现、关键矿产资源争夺紧张，环境、资源和气候变化是当前人类共同面临的重大挑战。全球变暖导致的气候变化是当今重要的挑战之一，气候变化引发了极端天气事件，如干旱、洪水和飓风，对农业、水资源和人类居住地造成威胁。人口快速增长和经济发展导致对自然资源的需求增加，包括水资源、森林资源和矿产资源等。过度开采和滥用导致了自然资源的快速耗竭，以及对环境的破坏。此外，大规模的工业生产和消费导致了空气、水和土壤的污染。废弃物的产生和不当处理导致了环境污染的加剧，对人类健康和生态系统产生了负面影响。

随着全球工业化和城市化的不断发展，目前全球约有一半的人口生活在城市中。预计到 2030 年，世界近 60%的人口将居住在城镇地区[1]。在快速的城镇化过程中，人们对资源和能源的过度消耗，引起了水污染、交通拥堵、空气污染、资源短缺等一系列严重的环境问题。2020 年 2 月，全球变暖令索马利亚外海出现强大气旋，致使蝗虫大量繁殖，使得非洲多国出现蝗灾，威胁了当地粮食安全；2020 年 8 月，美国遭遇极端高温和大风天气，引起严重山火，造成极大的生态破坏和经济损失；2021 年 7 月，中国河南省多地遭遇罕见暴雨天气，造成严重洪涝灾害。目前，气候变化已经成为 21 世纪人类社会面临的重大挑战之一[2]。

地球接收太阳辐射，温室气体能够吸收地面反射的长波辐射，阻挡地面辐射向外太空散去，温室气体使地球表面变得更暖，这种影响被称为“温室效应”。温室气体排放是全球变暖的主要原因。世界气象组织发布的最新《温室气体公报》（2020 年 11 月）指出，2019 年二氧化碳含量又出现了增长，全球年度平均值突破了 0.041%的重要门槛。自 1990 年以来，长期存在的温室气体的总辐射强迫（对气候变暖的影响）增加了 45%，其中二氧化碳占比 80%。为应对气候变化，2015 年全球近两百个国家通过《巴黎协定》，明确减少温室气体排放，本世纪内控制温升在工业化前水平 2℃以内，并力争 1.5℃的气候共识，全球需在本世纪中叶前后实现温室气体净零排放。2018 年，联合国政府间气候变化专门委员会发布了《关于全球升温高于工业化前 1.5℃的影响报告》。报告第三章论述了 1.5℃是综合多方面分析后的升温阈值，超过该值后，较多系统可能会处于不可逆状态。随着时间的推延和温室气体排放量的增加，无气候政策、现行政策、乐观政策等都对气温要求有一定的改变。如图 1-1 所示，现行政策下气温可能会升高 3.5℃[3]。

据 IPCC 发布的数据，在本世纪控制温升 1.5℃的情景下，2020 年后全球碳排放总量需控制在 5000 亿吨二氧化碳当量以内[4]，而 2019 年单年全球排放量已超 500 亿吨，按照当前发展趋势，本世纪中叶将难以达成净零目标，零碳转型亟须加速[5]。

1.1.2 可持续发展历程

20 世纪 50 至 60 年代，人们在经济增长、城市化、人口、资源等所形成的环境压力下，对“发展=经济增长”的模式开始产生怀疑，并认识到把经济、社会和环境割裂开来谋求发展，只能给地球和人类社会带来毁灭性的灾难。源于这种危机感，可持续发展的思想逐步形成。可持续发展理论的形成经历了较长的发展历程。

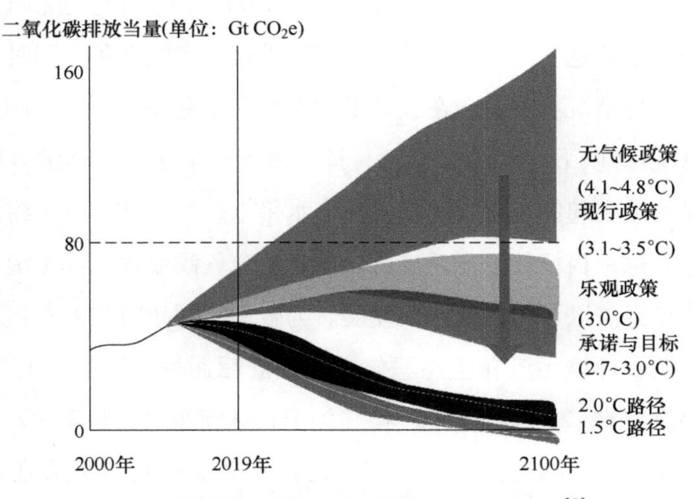

图 1-1　温室气体排放与全球气温变化关系图[3]

1962 年，美国生物学家 Rachel Carson 发表了一部环境科普著作《寂静的春天》，书中描述了由于过度使用农药和化肥导致的环境污染和生态破坏，对人类活动给自然环境带来的负面影响进行了深刻的反思。该书不仅推进了全世界对环境问题的重视，还引发了人类对于发展观念的争论。

1972 年，第一次国际环保大会——联合国人类环境会议在瑞典斯德哥尔摩举行，会议通过了《联合国人类环境会议宣言》（以下简称《人类环境宣言》或《斯德哥尔摩宣言》）和《行动计划》，达成了“只有一个地球”，以及人类与环境是不可分割的“共同体”的共识。这是人类对环境问题做出的明智的选择，是共同承担保护环境责任的第一步，对引导全世界人民奋起保护环境起到了积极的作用。

1983 年，世界环境与发展委员会（WECD）成立，并在 1987 年发布了《我们共同的未来》研究报告。报告以“持续发展”为基本纲领，以丰富的资料论证并分析了人类共同面临的环境与发展问题，呼吁各国政府和人民为经济发展和环境保护制定正确的政策并付诸实施。报告首次对“可持续发展”这一概念进行了系统的阐述，将其定义为“既满足当代人的需要，又不对后代人满足其需要的能力构成危害的发展”。

1992 年，联合国环境与发展大会（UNCED）在巴西里约热内卢召开，会议围绕环境与发展这一主题，要求发达国家承担更多的义务，同时也照顾到发展中国家的特殊情况和利益。在大会上 154 个国家签署了《联合国变化框架公约（UNFCC)》（以下简称《公约》），旨在将大气中温室气体浓度稳定在防止发生由人类活动引起的、危险的气候变化水平上。《公约》呼吁缔约方在一定的时间内达到这一目标使生态系统可以自然适应气候变化，确保粮食生产不受威胁，并促使经济以可持续的方式发展。为敦促各国政府和公众采取积极措施协调合作，防止环境污染和生态恶化，会议最后通过了《关于环境与发展的里约热内卢宣言》《21 世纪议程》和《关于森林问题的原则声明》三项文件。

1997 年，《联合国气候变化框架公约》第 3 次缔约方大会在日本京都召开，149 个国家和地区的代表通过了旨在限制发达国家温室气体排放量以抑制全球变暖的《京都议定书》。该协议书规定了所有发达国家到 2010 年为止 6 种温室气体的排放量；建立了国际排放贸易机制（以下简称 IET）、联合履行机制（以下简称 JI）和清洁发展机制（以下简称 CDM）三个灵活合作机制以降低各国实现减排目标的成本。

2000 年，联合国千年首脑会议（UNMS）在纽约联合国总部举行，主题为“21 世纪联合国的作用”。会议上 189 个国家签署了《联合国千年宣言》并一致通过联合国千年发展目标（MDGs）行动计划。

2002 年，在南非约翰内斯堡召开了可持续发展世界首脑会议，会议审议了《关于环境与发展的里约热内卢宣言》和《21 世纪议程》的执行情况；同时围绕健康、生物多样性、农业、水、能源等五个主题，明确了社会进步、经济发展和环境保护是可持续发展的三大支柱；最后，会议通过了《约翰内斯堡可持续发展宣言》和《可持续发展世界首脑会议执行计划》两项文件。

2012 年，联合国可持续发展大会在巴西里约热内卢举行，又称“里约+20 峰会”。会议围绕“重拾各国对可持续发展的政治承诺、评估迄今为止在实现可持续发展主要峰会成果方面取得的进展和实施中存在的差距、应对新的挑战”三个目标和“可持续发展和消除贫困背景下的绿色经济、可持续发展的体制框架”两个主题进行了商议；会议还发布了《我们憧憬的未来》，并提出可持续发展是每一个国家、每一个组织、每一个人的共同责任。

2015 年，《巴黎协定》是由全世界 178 个缔约方共同签署的气候变化协定，并在第 21 届联合国气候变化大会（巴黎气候大会）上通过。该协定对 2020 年后全球应对气候变化的行动做出的统一安排，提出要把全球平均气温较前工业化时期水平升高幅度控制在 2℃以内，并向着限制在 1.5℃以内努力。同年，联合国举行了可持续发展峰会，通过了《改变我们的世界：2030 年可持续发展议程》，该议程旨在用 15 年的时间，在全球实现 17 项可持续发展目标（SDGs），SDGs 是对 2000 年联合国 MDGs 的继承。

2021 年，联合国环境规划署（UNEP）发布了首份综合报告《与自然和平相处》，报告阐述了如何在可持续发展目标的框架内共同解决气候变化、生物多样性丧失和环境污染问题。全球可以改变与自然的关系，来共同应对气候、生物多样性和环境污染危机，以确保拥有一个可持续的未来，预防未来的大流行性疾病。该报告强调生态系统退化如何增加病原体从动物跳到人类的风险，以及同一健康（One Health）方法的重要性，该方法将人类、动物和行星健康放在一起考虑。在同年的联合国气候变化大会上，197 个国家签署的《格拉斯哥气候协议》（The Glasgow Climate Pact），其内容包括承诺结束“低效”的化石燃料补贴，以及“逐步减少”煤炭使用。大会还促成不同国家集团之间达成的若干多边协议，包括承诺削减甲烷排放，停止森林砍伐，以及不再为海外化石能源项目提供融资。命令—控制和经济激励是环境法制实现的重要手段。《联合国气候变化框架公约》第 26 届缔约方大会的重要议题之一是落实《巴黎协定》当中的碳排放市场交易机制和其他非市场机制（尤其是其中第六条第 2、4、8 款），成功打破了对减排量进行重复计算的谈判僵局。《联合国气候变化框架公约》方面指定了一个由 12 名成员组成的监督机构执行监督，并负责审查认可信用的基线。

2022 年，在经济下行、能源危机、粮食危机等多重挑战下，同时面临着北方和南方、发达经济体与新兴经济体之间互信程度下降等一系列挑战，《联合国气候变化框架公约》第 27 届缔约方大会/《巴黎协定》第 4 次缔约方大会在埃及沙姆沙伊赫举行，以落实气候行动为重点，在会前设立了减缓、适应、资金与协作四个方面的主要目标。从结果来看，会议遵循《联合国气候变化框架公约》《京都议定书》和《巴黎协定》的原则和目标，一揽子决议的制定兼顾了多方利益，并重点考虑了以非洲为首的发展中国家，以及小岛屿国家的气候诉求，取得的成果相对均衡。

自 20 世纪 60 年代起，全球就“可持续发展”问题探讨了近 60 年，政府间通过了十多个相关协定（见图 1-2）。在此过程中，可持续发展的框架逐渐清晰，旨在“经济、社会和环境”三大支柱平衡的情况下，实现经济发展、社会发展和环境保护[6]。

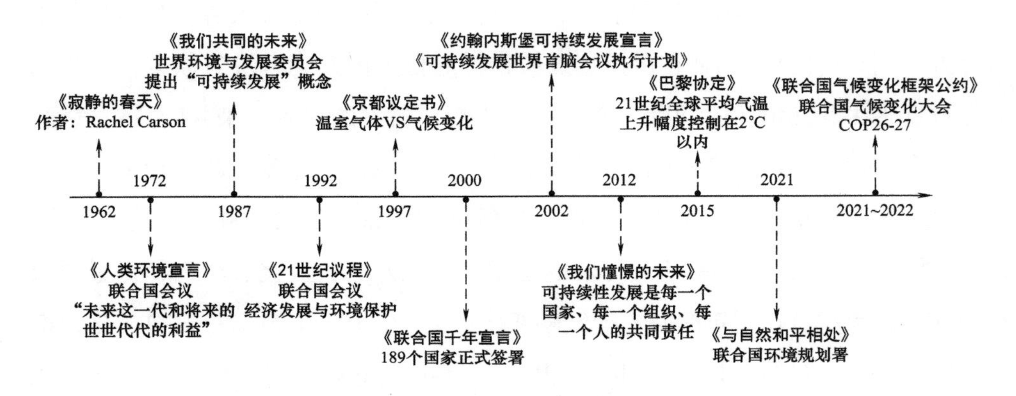

图 1-2　全球范围内政府间的协定时间轴

1.1.3　国内外可持续发展现状

1.1.3.1　国家层面

起源于欧洲的以“新”为代表的低碳绿色经济变革，在 2008 年 9 月中下旬“百年一遇”的全球性金融危机爆发以来迅速成为世界的宠儿。当前，欧洲、美国、日本等主要发达国家和地区，以及不少发展中国家力图利用此次全球多重危机带来的机遇，纷纷制定和推进短期内刺激经济复苏、中长期以应对气候变化向低碳经济转型为核心的绿色发展规划，试图通过绿色经济和绿色新政，在新一轮经济发展进程中促进经济转型实现自身的可持续发展。“欧盟绿色新政”使可持续产品称为欧盟的规范、促进循环商业模式并为消费者绿色转型赋能。如《循环经济行动计划》[7]提案，宣布要求欧盟市场上的几乎所有实物商品在从设计阶段到日常使用阶段，以及再利用阶段直至产品寿命结束的全生命周期中变得更加环境友好、更具循环性、更节能。《可持续产品生态设计法规》[8]提案着重解决产品设计问题，提出产品需更耐用、更可靠、更可重复使用、更可升级、更可修复、更易于维修、更方便翻新和回收，以及可以更好地节省能源和资源。

欧盟循环经济指令核心内容是将循环经济理念贯穿产品设计、生产、消费、维修、回收处理、二次资源利用的全生命周期，减少资源消耗和“碳足迹”，增加可循环材料使用率。2020 年 2 月 10 日法国发布了 2020-105 号反浪费和循环经济法，其中包括与废物相关的措施、与浪费相关的措施、停止一次性塑料包装、扩大生产者责任和告知消费者产品环境特性，即可修复性，用以评估内部信息的可用性，帮助改进产品的可修复性，识别产品和服务的优势和劣势。此外，欧盟于 2009 年 10 月 31 日正式发布了与能源相关的产品的 ErP 指令，旨在提升耗能产品的环境绩效，控制生态环境污染。欧盟按照 ErP 这一框架指令中的相关规定，进一步制定有关某类耗能产品需要符合的生态设计要求的指令，如非定向家用灯生态设计要求、外部电源生态设计要求等。

英国把发展绿色放在绿色经济政策的首位。2009 年 7 月 15 日，英国发布了《低碳转换计划》和《可再生战略》国家战略文件，这是继出台《气候变化法》之后，英国政府绿色新政的又一新动作，是迄今为止发达国家中应对气候变化最为系统的政府白皮书，也标志着英国成为世界上第一个在政府预算框架内特别设立碳排放管理规划的国家。

德国发展绿色经济的重点是发展生态工业。2009 年 6 月，德国公布了一份旨在推动德国经济现代化的战略文件，在这份文件上，德国政府强调生态工业政策应成为德国经济的指导方针。《循环经济与废物管理法》已成为德国建设循环型社会的总纲性专项法律，强调生产者的环保责任和意识，要求生产者对其产品的整个生命周期负责。在这一法律框架下，不同行业制定了一系列循环经济法规，如《饮料包装押金规定》《废旧汽车处理规定》《废旧电池处理规定》和《废木料处理办法》等。

法国的绿色经济政策重点是发展核能和可再生能源。2008 年 12 月，法国环境部公布了一揽子旨在发展可再生能源的计划，这一计划有 50 项措施，涵盖了生物、风能、地热能、太阳能，以及水力发电等多个领域。除了大力发展可再生能源之外，2009 年，法国政府还投资 4 亿欧元，用于研发清洁汽车和“低碳汽车”。

美国提出的“能源之星”计划和一系列法令法规，如资源节约和回收法令（RCRA）、大气清洁法令（CAA）、职业健康和安全法令（OSHA）、联邦污染预防法令（PPA）等，都旨在减轻工业产品对环境产生的影响。美国“绿色新政”可细分为节能增效、发展新能源、应对气候变化等多个方面。其中，新的开发为其绿色新政的核心，2009 年 2 月 15 日，总额达到 7870 亿美元的《美国复苏与再投资法案》将发展新能源作为主攻领域之一，重点包括发展高效电池、智能电网、碳储存和碳捕获、可再生能源如风能和太阳能等，同时美国还大力促进节能汽车、绿色建筑等的开发。

日本政府于 2009 年 4 月公布了名为《绿色经济与社会变革》的政策草案，目的是通过实行削减温室气体排放等措施，强化日本的绿色经济，重点则在于支持政府当前采取的环境措施刺激经济，对中长期则提出了实现低碳社会，实现与自然和谐共生的社会目标。2009 年 5 月，日本正式启动支援节能家电的环保点数制度，通过将日常的消费行为固定为社会主流意识，集中展示绿色经济的社会影响力。

韩国欲借绿色增长战略再创“汉江奇迹”。此次全球金融危机开始的时候，韩国就提出了“低碳绿色增进”的经济振兴战略，依靠发展绿色环保技术和新再生，以实现节能减排、增加就业、创造经济发展新动力等政策目标。

2023 年 3 月韩国政府发布了碳中和绿色发展基本计划纲要和具体实施方案。为实现 2030 温室气体减排和 2050 碳中和目标，韩国制定了十大中长期温室气体减排政策，以及四项国家战略，包括高效碳中和、民间主导创新型碳中和绿色增长、共同合作的碳中和、适应气候和引领国际社会的主动碳中和。同年 5 月，直属韩国总统的碳中和绿色增长委员会和国务会议分别审议通过了韩国首个碳中和绿色增长基本计划。该计划是地方政府具体行动和国家长期战略的总体规划，包括净零社会转型的国家战略和愿景，碳减排目标和建立健全碳中和路线图实施体系的相关政策。

2005年，《国家中长期科学和技术发展规划纲要（2006—2020）》[9]中明确指出，我国发展必须全面落实科学发展观，加快转变经济增长方式，把节约资源作为基本国策，发展循环经济，保护生态环境，加快建设资源节约、环境友好型社会，促进经济发展与人口、资源、环境相协调，实现可持续发展。2008年，为了促进循环经济发展，提高资源利用效率，保护和改善环境，实现可持续发展，制定了《中华人民共和国循环经济促进法》，并于2009年正式实施。2015年，《中国制造2025》提出，将可持续发展作为建设制造强国的重要着力点，加强节能环保技术、工艺和装备的推广应用，全面推行清洁生产。发展循环经济，提高资源回收利用效率，构建绿色制造体系，走建设生态文明的绿色发展道路。“十三五”时期，工信部将绿色制造作为工业绿色发展的重要抓手，出台《绿色制造工程实施指南（2016—2020年）》，以重大工程、项目为牵引，以绿色产品、绿色工厂、绿色园区和绿色供应链管理企业建设为纽带，带动绿色技术推广应用、产业链供应链协同转型，支撑起绿色制造的“基本面”。

1.1.3.2　行业企业层面

作为国家级绿色工厂，江山欧派始终恪守环保理念。在原料甄选上，采用不含甲醛、甲苯等有害物质且环保指数更高的水性漆；在生产设备端，江山欧派不断进行科技创新和技术改进，研制了油漆回收、自动喷漆设备等智能装置，实现对漆料的回收再利用，有效提高原材料的利用率，保护生产环境和生态环境；在绿色产品设计方面，推出了环保无漆复合门、健康橱柜等产品，减少能源消耗和环境污染。

纳爱斯集团秉持“环境友好、安全健康”的发展理念，将绿色、环保概念融入产品开发的整个过程，并贯穿产品策划、研发、包装设计、加工生产、市场营销、品牌宣传及售后服务的全过程。纳爱斯在牙膏管设计上选用较易回收的全塑复合片料，避免相当数量的铝塑片材填埋，减少土地污染。纳爱斯的洗衣凝珠内包装选择无污染、无毒的绿色可降解的环保材料——PVA 水溶性膜。此外，纳爱斯近年来持续推进包装减量化、减克重、降厚度，以及优化纸箱结构。

法拉基集团在绿色设计实践方面采取了一系列措施，以确保严格遵循绿色管理要求。在采矿环节，公司每四年对其采矿场所进行一次环境审核，用于评估和监测采矿活动对环境的影响。通过制定并执行矿山恢复计划，以确保在采矿结束后能够有效地恢复和保护环境。在生产环节，法拉基致力于减少污染物排放，降低资源使用强度，最小化危险废物和其他固体废物的排放。公司采用更清洁的生产技术，寻找替代材料，以及实施废物管理计划，以确保废物的安全处置和回收。在采购环节，公司将环境绩效评估纳入供应商和分包商的选择程序中，提高对供应商环境责任和绿色实践的考量，以确保供应链的可持续性。在服务环节，法拉基努力提升其产品的绿色环保性能，以减少建筑对人体健康和环境的不良影响，确保产品符合相关环保标准和认证。

德国西门子集团通过西门子硬件和软件无缝集成的能力，为客户提供一套全面掌握产品整个生命周期状况的绿色数字化解决方案，全方位打通工业产品绿色设计与绿色制造一体化的路径。如“数字化双胞胎综合方案”帮助客户实现产品开发和生产规划的虚拟环境与实际生产系统、产品性能之间的闭环连接，实现产品绿色化水平的定量分析和持续优化，大力提升了产品开发效率，降低生产和维修成本。

飞利浦一直将可持续性作为重中之重，据报道，其电力 100%来自可再生能源。通过采用更节能的解决方案并选择更智能的材料设计，使得飞利浦在 2020 年就已经提前实现了 100%碳中和的目标。另外，该公司还在不断探索可持续发展路径，包括与各生产地协调使用本地的原材料，并以碳排放作为选择原材料的基准；与客户合作减少产品使用过程中的排放；与供应商合作减少供应链排放等。

施耐德电气作为“全球 500 强企业”和“全球可持续发展企业 100 强”，在全球 100 个国家拥有员工 17 万余人。多年来，施耐德电气一直处于能源、安全及可持续发展领域的前沿，服务于这些领域的多个行业，并随着行业不断变化的需求而不断发展。施耐德电气很早就将环境和生态理念引入产品的整个生命周期，不仅将环境政策纳入公司发展的总体纲领中，更有效地将其落实在公司的日常工作上。公司作为全球能源管理和自动化领域数字化转型的专家，施耐德电气的业务遍及全球100多个国家和地区，服务于楼宇、数据中心、基础设施和工业市场。施耐德电气的宗旨是赋能所有人对能源和资源的最大化利用，推动人类进步与可持续的共同发展，并称之为“Life is On”。

作为可持续发展领域的倡导者、践行者和赋能者，施耐德电气一直将可持续发展作为企业战略核心，并贯穿业务经营的方方面面。2005年起，施耐德电气就推出量化评估体系，以衡量自身在践行可持续发展承诺方面的表现，并每季度对外公布。2021年1月，施耐德电气发布了全新的“可持续发展影响指数（SSI）计划”，专注于气候、资源、信任、平等、代际共五大影响领域的11项指标，同时提出3项本地目标，打造“可持续影响力企业”。

针对以“碳中和”为主要议题的气候变化挑战，施耐德电气做出了一系列承诺，将减排范围从自身向整个价值链拓展，减排效果从碳中和向净零排放递进，从而加速可持续发展进程，包括到2025年实现公司自身运营层面的碳中和；到2030年，在公司自身运营层面实现“零碳就绪”；到2040年，实现端到端价值链的碳中和；以及到2050年，实现端到端价值链的净零碳排放。

施耐德电气把可持续发展目标融入主业，并借力技术，联手合作伙伴共同推进碳中和。依托数字化技术，施耐德电气打造了从绿色设计、绿色采购、绿色生产、绿色运输到绿色运维的端到端绿色供应链。在中国，施耐德电气有15家工厂已经成为工信部认证的“绿色工厂”，同时还拥有17家“零碳工厂”和12家“碳中和”工厂，源源不断地为中国和全球市场提供绿色创新产品。到2025年，施耐德电气计划帮助全球客户减少二氧化碳排放量达到8亿吨。基于在可持续发展方面的持续优秀表现，施耐德电气12次登上企业爵士（Corporate Knights）评选出的年度“全球可持续发展百强企业”榜单，同时也成为了业界唯一一家连续11年跻身碳排放披露项目（CDP）“A级名录”的公司。可持续发展已成大势所趋，作为可持续发展的践行者及赋能者，施耐德电气未来将继续依托领先的数字化优势及丰富的可持续经验，助力中国生态伙伴驶向数字化和低碳转型的“快车道”，加速实现双碳目标。

1.2 产品绿色设计的概念及发展历程

在漫长的人类设计史中，工业设计为人类创造了现代生活方式和生活环境的同时，正如前文所述，也加速了资源、能源的消耗，并对地球的生态平衡造成了极大的破坏。绿色设计源于人们对于现代技术文化所引起的环境及生态破坏的反思，从人类与环境的关系来看，绿色设计对我们社会的兴衰起着重要作用。研究表明，环境影响发生在产品生命周期的所有阶段，而绿色设计在整个过程中起着决定作用，对产品生命周期的环境影响程度高达70%~80%[10]，如图1-3所示。因此，从某种程度上来讲，绿色设计是可持续发展的必然选择，是可持续发展观念在设计科学中的合理延伸。绿色设计着眼于人与自然的生态平衡关系，在设计的各个环节都以节约能源和资源，以及减少废弃物产生为目标，这与可持续发展认为经济发展要考虑生态环境的长期承载能力的观点不谋而合。

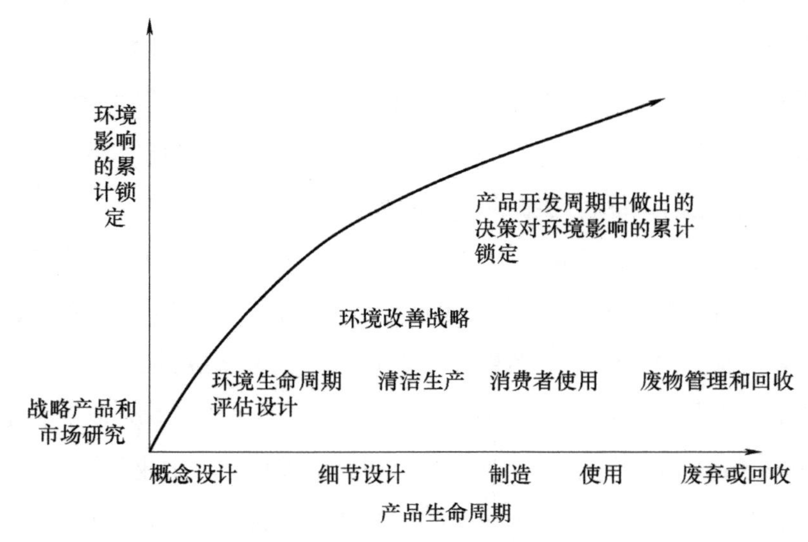

图1-3　产品生命周期内环境影响累计情况[10]

传统设计是一个串行的设计过程，主要关注产品的功能、性能、质量和成本等因素，以满足市场需求和企业的经济利益。通常仅涉及产品的生命周期内市场分析、设计、制造、销售和售后服务等几个阶段，忽略产品报废后的环节。传统设计主要考虑如何满足用户要求，而较少地考虑环境属性，其设计指导原则只要求产品易于制造，并且具有要求的功能、性能即可。绿色设计除满足基本要求外，还特别关注产品对环境的影响，包括资源消耗、能源效率、污染排放和废物产生等。绿色设计强调在产品全生命周期过程中综合考虑环境因素，追求产品的环境友好性和可持续性，最大限度地减少对环境的负面影响，对比如表 1-1 所示。

表 1-1　传统设计与绿色设计的对比

比较因素	传统设计	绿色设计
设计依据	依据用户对产品提出的功能、性能、质量及成本要求来设计	依据环境效益和生态环境指标与产品功能、性能、质量及成本要求来设计
设计人员	设计人员很少或没有考虑到有效的资源再生利用及对生态环境的影响	要求设计人员在产品构思及设计阶段，必须考虑降低能耗，资源重复利用和保护生态环境
设计技术或工艺	在制造和使用过程中很少考虑产品回收，有也仅是有限的材料回收，用完就被废弃	在产品制造和使用过程中可拆卸、易回收，不产生毒副作用，同时保证产生最少的废弃物
设计目的	为需求而设计	为需求和环境而设计，满足可持续发展的要求
产品	传统意义上的产品	绿色产品或绿色标志产品

绿色产品是绿色设计的最终体现。绿色产品又称为环境协调产品、环境友好产品、生态友好产品等。20 世纪 70 至 80 年代，美国以《国家环境政策法》为依据，在 1970 年设立美国国家环境保护局专门机构的基础上，逐步制定并实施比较严格的环境保护政策，产生了良好的环境质量改善效果：污染物排放非升反降，而且降幅较大。1987 年，德国实施了“蓝天使”计划，将在生产和使用过程中都符合环保要求，且对生态环境和人体健康无损害的商品称为“绿色产品”，并授予该产品绿色标志。根据 GB/T 33761—

2017《绿色产品评价通则》，绿色产品是指在生命周期全程中，符合环境保护要求，对生态环境和人体健康无害或危害小、资源能源消耗少、品质高的产品。

绿色设计又称作生态设计、面向环境的设计、环境可持续设计和生命周期设计等，是一种基于产品整个生命周期，并以产品的环境资源属性为核心的现代设计理念和方法，也是实现绿色产品的必要技术手段。它旨在减少产品对环境的负面影响，包括资源消耗、能源使用、废物产生和污染排放等方面。在设计中，除考虑产品的功能、性能、寿命、成本等技术和经济属性外，还要重点考虑产品在生产、使用、废弃和回收的过程中对环境和资源的影响，以废弃物减量化、产品寿命延长化、产品易于装配和拆卸、节省能源为目的。因此，绿色设计与传统设计存在较大的不同，绿色设计一般被称为“从摇篮到摇篮”的设计，而传统设计一般被称为“从摇篮到坟墓”的设计。产品绿色设计流程如图 1-4 所示。

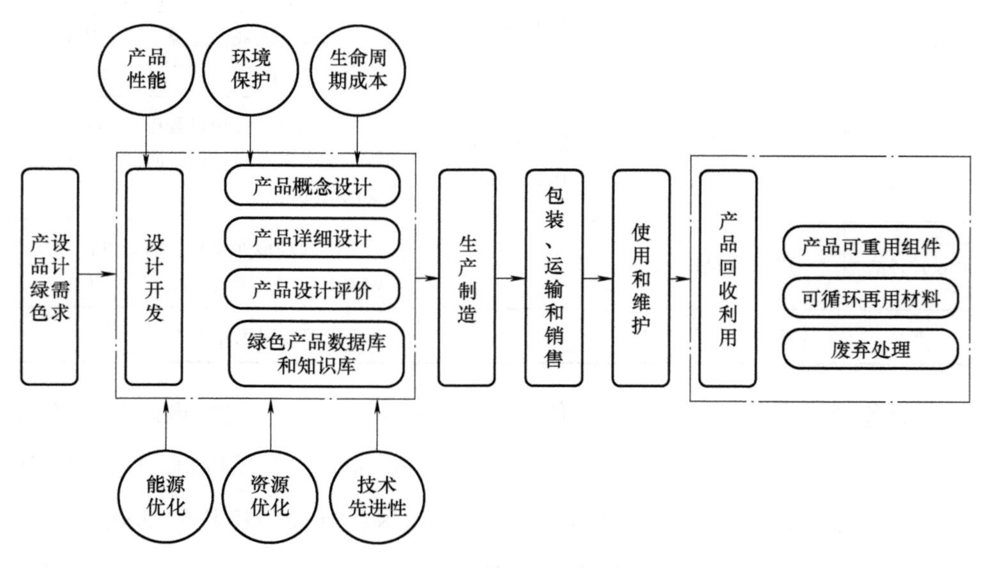

图 1-4　产品绿色设计流程

ISO/TR 14062:2002 将生态设计定义为“将环境因素融入到产品设计和开发中”，在此基础上，ISO 14006:2020 中将该定义补充为“在设计和开发中考虑环境因素以降低产品整个生命周期对环境的不利影响的一种系统的方法”。此外，根据NF X 30-264标准，生态设计是指从产品（商品和服务、系统）的设计和开发中系统地整合环境因素，目的是在其整个生命周期内减少对环境的负面影响，达到同等或更好的效果。而这种方法要求设计人员在产品设计和开发中就需要找到环境、社会、技术和经济之间的最佳平衡。我国工信部、国家发展改革委和环保部联合发布的《关于开展工业产品生态设计的指导意见》中认为，生态设计是按照产品全生命周期理念，在产品设计和开发阶段，系统地考虑原材料选用、生产、销售、使用、回收和处理等各个环节对资源环境造成的影响，力求产品在全生命周期中最大限度降低资源消耗、尽可能少用或者不用含有有毒有害物质的原材料，减少污染物的产生和排放，从而实现环境保护的产品设计和开发活动。

产品绿色设计主要经历了以下四个阶段：

1）概念形成阶段：在20世纪60年代和70年代，随着环境保护意识的兴起，人们开始关注产品对环境的影响。这一阶段的重点是减少废物产生和污染排放，推动循环经济的理念。

2）减少环境影响阶段：在20世纪80年代和90年代，产品绿色设计的重点逐渐从废物处理转向了整个产品生命周期的环境影响。如何减少资源消耗、优化材料选择和能源效率成为设计的重要考虑因素。

3）综合性生命周期阶段：进入21世纪前十年，产品绿色设计更加注重整个产品生命周期的综合性考虑，包括原材料采集，生产制造，产品使用、维护和废弃等阶段的环境影响都被纳入设计决策中。循环经济、可再生能源和可持续材料的使用得到了更广泛的关注。

4）循环经济和创新阶段：近年来，随着循环经济理念的兴起，产品绿色设计更加强调资源的循环利用，以及产品生命周期的延长。创新的设计策略和技术被应用于产品设计中，例如可拆卸和可回收部件、材料回收和再利用、共享经济和租赁模式等技术和理念创新。

绿色设计的发展历程反映了社会对环境保护意识的不断提高，以及科技进步和可持续发展理念的推动。它在减少资源消耗、降低污染排放、促进循环经济和推动可持续发展方面发挥了重要作用。随着时间的推移，产品绿色设计将继续发展，并成为未来产品设计的基本要求之一。

1.2.1 产品绿色设计原则和方法

产品绿色设计的原则和方法根据不同学者和专家的观点有所差异，一般遵循的原则包括减少原则、节约资源原则和经济适用原则。减少原则旨在通过优化设计和制造过程，最大限度地减少物质和能源的消耗，这可以包括减少材料使用量、简化产品结构和组件、降低生产和运输过程中的能源需求等。通过精简设计，减少不必要的部件和功能，减少原材料的需求并降低废物产生，以及对自然资源的压力和环境的负面影响。节约资源原则强调在产品设计和制造中充分利用资源循环再利用的优势，它鼓励在设计阶段就考虑到产品及其零部件的材料选择、结构组成和回收再利用方式。例如，采用可再生材料、可回收材料和可降解材料，以便在产品寿命结束后能够方便地回收和再利用。通过有效地利用资源和减少废弃物的产生，可以实现更加可持续的生产和消费模式。经济适用原则强调在产品设计中要考虑到成本效益和经济可行性。产品绿色设计不仅应关注环境影响，还应考虑到产品的市场竞争力和可行性。通过在设计阶段考虑成本效益，寻找可行的环保解决方案，可以确保绿色产品的实际应用和推广，有助于在经济可行的前提下推动可持续发展。

产品绿色设计方法根据不同专家、学者的观点有所差异，通用的方法包括：①延长产品寿命：设计产品时考虑使用耐用材料和结构，同时提供修复和维护服务，以延长产品的使用寿命并减少废物产生；②提高资源效率：设计产品时尽量减少资源消耗，使用可持续绿色材料和能源高效的制造工艺，减少材料浪费和能源浪费；③资源循环再利用：鼓励产品的回收、再利用和再循环，设计产品时要考虑材料的可回收性和可分解性，并促进产品的材料回收和再利用；④污染减排：在产品设计中要尽量减少污染物的产生和排放，采用低碳技术和清洁生产方法，减少对环境的负面影响；⑤环境信息披露：提供产品的环境信息，如碳足迹、材料来源和环境影响评估等，帮助消费者做出环境友好的购买决策；⑥生命周期评估：通过开展全面的产品生命周期评估，从原材料采购到废弃处理，评估产品在不同阶段的环境影响，以评估结果指导和优化设计决策。

通过绿色设计减少对物质和能源的消耗，以及有害物质的排放。充分利用资源循环再利用的优势，在设计时充分考虑产品及其零部件的材料选择、结构组成，以及回收再利用方式。同时，在进行产品设计阶段必须要尽可能地考虑能源消耗和使用效率，尽可能减少能源投入，以达到节约能源的目的。在国际标准化领域，IEC/TC 111（环境标准化）指定发布了 IEC 62430:2009《电子电气产品环境意识设计》，这是全球第一部有关环境意识设计的国际标准，其出台敦促全球企业了解且实施环境意识设计（Environmentally Conscious Design，ECD），为各国治理电子污染的环境立法提供了参考依据。该国际标准旨在为电子电气产品设计和开发人员提供包括产品策划、开发、决策，以及组织内部政策制定等活动的基本要求和程序。2019 年，由 IEC 和国际标准化组织 ISO 两大机构联合发布国际标准 IEC 62430:2019《环境意识设计-原则、要求与指南》，明确提出生命周期思想是环境意识设计的基础概念，要求在产品的设计和开发过程中考虑整个生命周期的重要环境因素；在法规和利益相关方要求的界限内实施环境意识设计；并且应将产品环境意识设计引入管理体系并定期评审，以保证其持续性、适当性和有效性（见图 1-5）。两个版本的 IEC 62430 国际标准均以生命周期思想作为环境意识设计的基础，强调了生命周期思想的重要性，即在产品的整个生命周期中考虑环境因素。全面考虑产品设计、制造使用、维护和废弃等各个阶段的环境影响，可以更好地实现减少资源消耗、优化能源效率和减少污染的目标。标准要求在环境意识设计中遵守法规和利益相关方的要求，意味着设计过程中需要考虑符合法规的环境要求，并与利益相关方进行有效的合作和沟通，有助于确保产品的合规性，同时满足不同利益相关方的期望。此外，标准建议将产品的环境意识设计纳入管理体系，并进行定期评审。这有助于确保环境意识设计的持续性、适当性和有效性。通过建立有效的管理体系，可以实施并监控环境意识设计的执行情

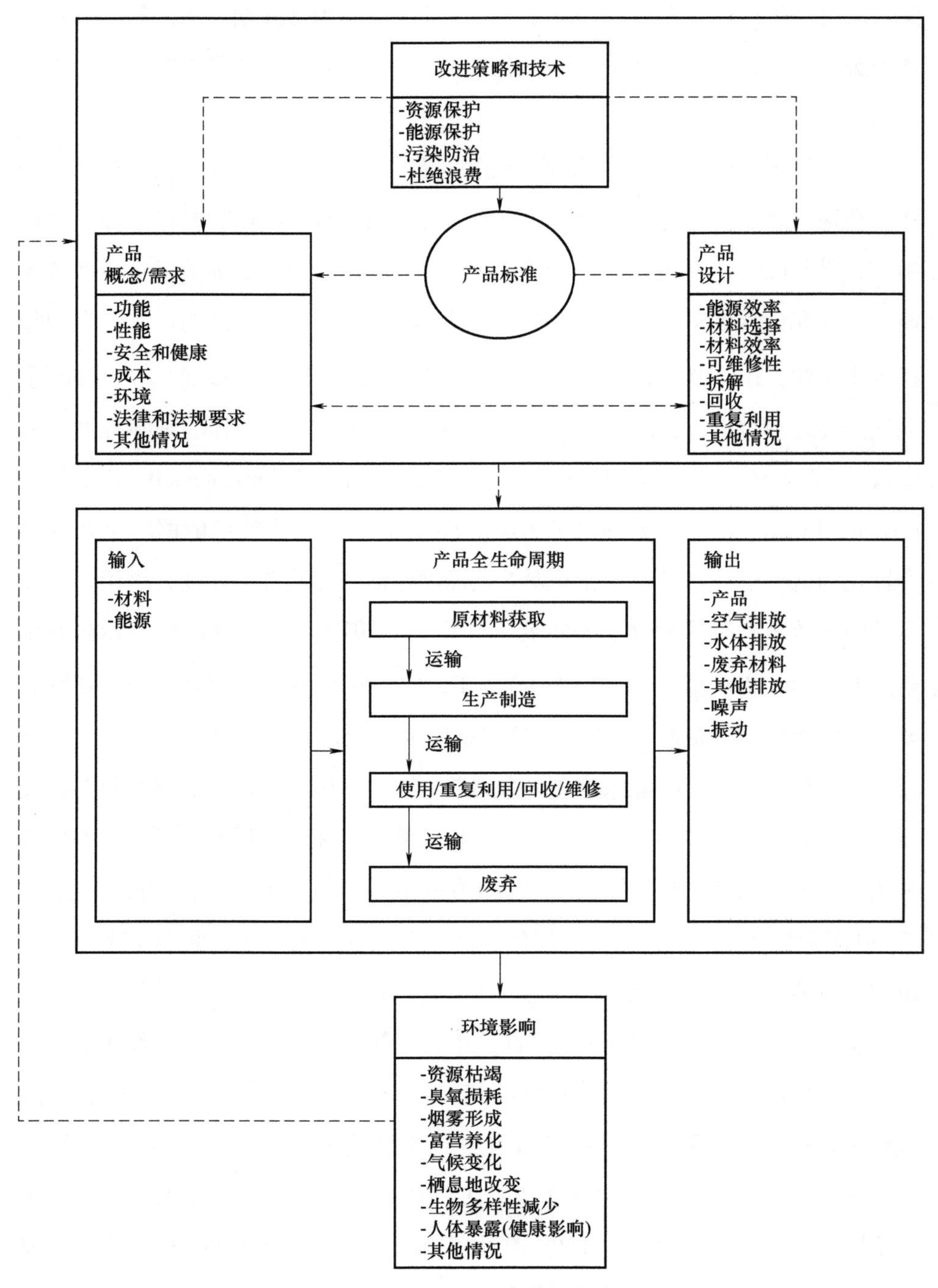

图 1-5　IEC 62430:2009 国际标准框架

况，并进行必要的改进和调整。版本的迭代把环境意识设计引入管理体系发展并作为组织管理的方针之一，加强了环境意识设计的实施保障。此外，环境意识设计的范围下沉为开展环境意识设计的具体要求，并将环境意识设计信息共享/交流增补为具体要求之一。新版国际标准增加了选择合适的环境意识设计方法和工具的结构化程序，并对原有的环境意识设计工具进行了更新和精简，提升了可实施性和可操作性。需要注意的是，虽然 IEC 62430：2019 不是管理体系标准，但是它关于环境意识设计的要求可纳入组织的现有管理体系中，例如，用于支持实施 ISO 14001 和 ISO 9001 体系的要求。IEC 62430 标准的发布对于推动环境意识设计的实施具有重要意义，它提供了指导和框架，帮助组织和工程师在产品设计和开发过程中充分考虑环境因素，从而实现可持续发展目标。

1.2.2　产品绿色设计的主要内容

概念设计是产品绿色设计的起点，它涉及定义产品的整体目标和特征。通过有效的绿色需求分析可以了解产品在生命周期各阶段的影响方式和程度，明确绿色设计任务，为后续绿色设计过程奠定基础。通过优化产品的功能、材料选择和生产工艺等，确保产品在设计初期就具备绿色设计的特征。详细设计阶段是建立在概念设计方案的基础上，绿色设计要求更加具体和细致，包括产品的结构、材料选择，以及能源消耗、污染物排放等。通过节能、节材、低碳、轻量化、拆卸性能提升、可回收性提升和减少环境污染等措施实现产品绿色设计的目标。此外，通过开展产品生命周期评价，对产品系统在不同阶段输入、输出及其潜在环境影响进行汇编，可以识别和量化产品在不同阶段，对环境的影响，并为绿色设计提供指导和优化的方向。其中，绿色产品需求分析有别于传统产品需求的概念，其范畴不局限于使用者对产品功能和性能的基本要求，还包括在产品全生命周期内与其环境性能密切相关的各类需求，例如产品环境友好性、资源利用效率、健康安全性和社会责任等。绿色产品生命周期需求信息跨越了产品从生产到报废回收处理的各个阶段，面向产品功能需求设计其功能原理，通过对功能原理的创新，为产品绿色设计提供更灵活的设计自由度，从而突破产品绿色性能提升的技术瓶颈。

对于产品绿色设计方案的评价是一项复杂的工作，涉及诸多学科内容和过程数据内容。对于多层次、多因素的复杂评价问题需要建立合理可行的评价指标体系。产品绿色设计需要满足技术先进性，还需要考虑时间、质量、成本、能耗、资源消耗、环境影响和安全性等多种要素，其评价指标通常涵盖环境属性、能源属性、资源属性和经济属性等。每个属性可由一系列子指标组成，不同的产品可制订相对独立的细化指标。例如，技术属性可包含生产过程、产品功能、使用性能和回收处理等方面的技术先进性；环境属性一般考量固体废弃物、大气污染、水体污染等污染；能源属性一般考量能源类型和能源利用效率等；资源属性包括材料、设备、信息等要素。常用的评价工具包括生态思维图（Eco-idea Maps）、环境质量功能展开（Environmental Quality Function Deployment），以及清单分析（Inventory Analysis）等。

在概念设计阶段结合产品需求，应充分考虑产品多种特性，包括功能、性能、安全健康、成本、环境、法律法规要求等要素。设计阶段需同时关注产品能效、材料选择、材料效益、可维修性、可拆解性、可回收性和可重用性。基于产品改进技术方法，尽力降低资源、能源消耗，减少环境污染。围绕产品全生命周期过程，基于原材料获取→生产加工→使用/再利用/维修/回收→报废全流程，充分考虑材料与能源的输入，以及输出要素（例如，产品、大气排放、噪声、振动、废弃物等）。根据产品生命周期的不同阶段，采取不同的参数来减少其对环境的影响。例如，通过原材料选择、可资源化设计，以及节能降耗设计等方式，围绕不同版本产品开展交叉对比。在概念开发的维度，关注开发设计可共享使用的产品，增强产品功能的集成性，用综合服务替代单一的产品服务。在功能和结构上，进行功能组合和优化，提升产品可靠性和耐用性，使产品易于维护和维修等。在原材料选择上，倾向于采用环境友好型材料、低载能和可资源化利用的原材料。在绿色包装上慎重选择并精简包装材料，加强包装材料的回收和重复利用率。在节能降耗维度，提升用能产品能效水平，采用清洁能源，减少耗材以及生产和使用过程中的废物产生。此外，在可资源化设计维度，鼓励面向可重复使用、拆解、回收与再利用的设计方案。针对多款产品，综合分析比较其在使用阶段、生产阶段和废弃阶段等全生命周期过程中的环境性能，基于对比结果提出生态设计建议，从而实现满足预定绿色设计的目标。

1.3 开展绿色设计的意义

1.3.1 行业/外部意义

1.3.1.1 政策驱动下，满足环保合规性

随着环境法规的日益严格，开展绿色设计可以帮助企业遵守相关的环境法规和标准。通过提前考虑环境因素，并在设计和制造过程中采取相应的措施，企业可以避免法律和法规方面的风险和责任。环保合规就是确保各环保参与各项环境治理工作，开展符合法律法规、监管规定、行业准则和章程、规章制度及规则等。21 世纪以来，欧盟、美国、中国等多个国家和地区相继发布有害物质限制相关法律法规，以提高各类产品的环保合规性，保障人体健康和保护环境。欧盟相继发布并逐步完善报废的电子电气设备指令［Waste Electrical and Electronic Equipment（WEEE）Directive］和关于限制在电子电气设备中使用某些有害成分的指令（Restriction of Hazardous Substances，RoHS），用于规范欧盟成员国对废弃电子电气设备的回收处理，制定相应回收率和环保标准；限制电子电气产品中特定有害物质的使用。通过制定电子电气产品的材料及工艺标准，指令要求所有在欧盟销售该指令限定的电子电气设备的制造商必须考虑到产品废弃时所造成的环境污染问题，采用易于回收且环保的设计，并负起回收的责任和费用。随后，日本、韩国、美国、中国、新加坡、阿联酋、越南、土耳其等多个国家和地区均发布 RoHS。2007 年，欧盟发布并实施化学品注册、评估、许可和限制（Registration，Evaluation and Authorization of Chemicals，REACH）指令要求对进入欧盟市场的化学品进行注册和评估，确保其安全性

和环境可持续性。REACH 将欧盟市场上约 3 万种化学产品及其下游的纺织、轻工、制药等产品分别纳入注册、评估、许可 3 个管理监控系统，未纳入该管理系统的产品不能在欧盟市场上销售。一方面规定年产量或进口量超过 1t 的所有化学物质需要注册，年产量或进口量 10t 以上的化学物质还应提交化学安全报告。通过物质评估确认化学物质危害人体健康与环境的风险性，并对具有一定危险特性并引起人们高度重视的化学物质的生产和进口进行授权，包括 CMR 类：致癌性、致突变物、对生殖系统有毒的物质，PBT 类：持久性、生物累积性的有毒物质，vPvB 类：永久性和高生物积累物质。此外，如果认为某种物质或其配置品、制品的制造、投放市场或使用导致对人类健康和环境的风险不能被充分控制，将限制其在欧盟境内的生产或进口。2006 年，欧盟针对能耗技术壁垒指令，开始实施“用能源产品生态设计框架指令”（EUP 指令）。该指令首次将生命周期理念引入产品设计环节中，在产品的设计、制造、使用、维护、回收、后期处理周期内，对用能源产品提出环保要求，全方位监控产品对环境的影响，减少对环境的破坏。

欧盟非食用消费品快速预警系统（Rapid Alert System for non-food consumer products，RAPEX）是用于通报食品以外的危险消费品的快速预警系统，用于确保成员国主管机构确认的危险产品相关信息能够在成员国主管机构及欧盟委员会间迅速地分发，防止并限制向消费者供应这些产品。某款手机无线充电器，因其 USB 上的焊锡和 PCB 上的焊锡含有过量的铅，测量值达到 30.9%（重量比），违反 RoHS 2.0 指令，撤离市场。某款手机，其耳垫含有过量的邻苯二甲酸二（2-乙基已基）酯（DEHP）和短链氯化石蜡（SCCPs），焊料含有过量的铅，测量值分别高达 14.2%、0.27%和 61.5%（均为重量比），违反 RoHS 2.0 指令和 POPs 法规，将其撤离市场。

欧盟能效指令也称为欧盟 ErP 指令，是欧盟针对能源效率的法规框架之一，通过规范和改善能源使用产品的设计、制造和销售，促进能源效率提升并减少能源消耗。它适用于各种能源使用产品，包括家用电器、办公设备、照明产品、工业设备等。欧盟能效指令要求制造商遵守特定的能源效率要求，通过在产品设计、生产和标签标识等方面采取措施来提高能源效率。此外，该指令还要求制造商提供与产品能源效率相关的信息，以便消费者能够做出明智的购买决策。需要注意的是，欧盟能效指令在2019年被欧盟能效标签法规（EU Energy Labeling Regulation）所取代，新法规对能源标签和产品能效的规定更为具体和严格。

在美国，颁布的有毒物质控制法案（Toxic Substances Control Act）授权美国环境保护局（EPA）对化学物质进行评估和管理，包括风险评估、限制和禁止使用某些有害物质等。此外，能源政策法案（Energy Policy Act）鼓励能源效率的提高和可再生能源的发展，并推动减少对能源的依赖。

在中国，《废弃电器电子产品回收管理条例》规定了废弃电器电子产品的回收和处理要求，包括回收体系建设、回收企业资质和回收率要求等。《环境保护税法》对排放污染物、使用一次性塑料等行为征收环境保护税，以促进环境友好行为和资源节约。

此外，加拿大的化学品管理计划（Chemical Management Plan）旨在评估和管理化学品的健康和环境风险，并采取相应的控制措施。日本的化学品管理法（Chemical Substance Control Law）对进入市场的化学品进行注册和评估，并限制或禁止使用某些有害物质。

1.3.1.2 引导绿色消费

绿色消费是各类消费主体在消费活动全过程贯彻绿色低碳理念的消费行为。近年来，中共中央、国务院印发了《生态文明体制改革总体方案》《废弃电器电子产品回收处理管理条例》等文件，国务院相关部门印发了《关于促进绿色消费的指导意见》《“十三五”全民节能行动计划》《循环发展引领行动》《关于加快推动生活方式绿色化的实施意见》《企业绿色采购指南（试行)》等文件，促进绿色产品消费的制度体系初步建立。

2022年1月，国家发展改革委、工业和信息化部等部门联合印发《促进绿色消费实施方案》，系统设计了促进绿色消费的制度政策体系。该方案提出到2030年，绿色消费方式成为公众的自觉选择，绿色低碳产品成为市场主流，重点领域消费绿色低碳发展模式基本形成，绿色消费制度政策体系和体制机制基本健全的主要目标，多次强调了绿色设计的重要性。现阶段，越来越多的消费行为逐渐趋向绿色化、生态化，消费者对绿色家居用品、节能家电等选择的意愿增长较快。根据国家发展改革委发布的《2017 年中国居民消费发展报告》，近年来绿色产品供给逐步优化，市场规模不断壮大，市场占有率显著提升。

1.3.1.3 规避绿色贸易壁垒

绿色贸易壁垒是指在国际贸易活动中，进口国以保护自然资源、生态环境和人类健康为由而制定的一系列限制进口的措施，也可定义为“为了保护环境而直接或间接采取的限制甚至禁止贸易的措施，主要包括国际和区域性的环保公约、国别环保法规和标准、ISO 14000 环境管理体系和环境标志等自愿性措施、生产和加工方法及环境成本内在化要求等分系统”。

绿色贸易壁垒形式包括绿色关税、市场准入、绿色技术标准、绿色补贴制度等，它是发达国家对其认定的污染环境、影响生态、危害健康的进口产品，除了课征一般进口关税外，再加征环境进口附加税，以限制进口甚至禁止进口。此外，市场准入是指进口国以污染环境、危害人类健康以及违反有关国际环境公约或国内环境法律、规章为由而采用的限制进口外国产品的措施。绿色技术标准是指一些发达国家凭借自己的经济技术优势和垄断地位，以保护环境和人类健康的名义，通过立法手段，制定苛刻的环保技术标准，从而限制或禁止外国产品进入本国市场。绿色补贴制度为了保持本国企业竞争力，发展中国家的政府对无力负担环境污染和资源成本费的企业会给予一定的环境补贴。这一政策又被发达国家以违反自由贸易为由，进而对进口产品征收相应的反补贴税，借此限制发展中国家的产品进入本国市场。

2012 年起，欧盟开始对进出欧盟各国机场的航班征收碳排放税，形成了以“碳配额”作为手段的新型贸易壁垒。它的本质是对出口到欧盟的产品征税，以使进口产品和欧盟产品在温室气体减排方面的成本扯平。欧盟力推碳边境调节机制（CBAM）的理由是防止“碳泄漏”，即指由于欧盟执行严格的温室气体减排政策，会导致欧盟企业转移到减排政策更宽松的国家（产业外流），或导致承担较低排放成本的进口产品冲击欧盟市场和产业（市场份额替代）。

1.3.1.4 促进绿色金融发展

《关于构建绿色金融体系的指导意见》中明确绿色金融体系构建，通过绿色信贷和绿色债券相关产品、绿色发展基金、碳金融等金融工具和相关政策支持经济向绿色化转型的制度安排。绿色金融业务包括但不限于绿色贷款、绿色证券、绿色股权投资、绿色租赁、绿色信托、绿色理财等。例如，绿色标识产品消费贷款是商业银行面向个人、家庭及小微企业发放的用于购买绿色标识产品的贷款。根据目前国家出台的各项绿色标识认证产品，银行可将以下产品纳入绿色消费信贷支持的范围：第一批绿色新标识产品、中国环境标志认证产品、中国节能产品认证、能效标识产品、水效标识产品等。此外，绿色节能贷款是商业银行面向小微企业、个体工商户和个人提供的节能贷款，贷款用途主要为设备升级、工艺改进、流程改造等，以达到节能减排和企业升级的目的。绿色债券指将募集资金专门用于支持符合规定条件的绿色产业、绿色项目或绿色经济活动，依照法定程序发行并按约定还本付息的有价证券，包括但不限于绿色金融债券、绿色企业债券、绿色公司债券。近期，较为热门的绿色债券是碳中和债，更加聚焦于碳减排领域。2021 年 1 月，中国人民银行工作会议强调，要完善绿色金融政策框架和激励机制，逐步健全绿色金融标准体系。2021 年 4 月，中国人民银行等三部委联合更新绿色债券支持项目目录，并于 7 月正式施行。此外，将环境、社会和公司治理（ESG）表现纳入企业评价，是责任投资观念的延伸与补充，日益成为投资者和企业在资本配置、战略规划和决策时关注的重点。ESG 框架涵盖了诸多影响企业长期财务表现和可持续发展的因素，因此企业的 ESG 特征将会在更长时间跨度上体现出其未来能创造的长期价值，也在一定程度上影响了企业价值的评估。

1.3.2 企业/内部意义

绿色设计是促进工业绿色转型发展的关键环节和重要举措，可以为企业带来以下益处：

1）竞争优势：企业经营应摒弃依赖资源消耗、依赖低成本竞争、依赖高能耗高排放的生产制造模式，将绿色贯穿原材料、产品、制造、运维和报废全过程。绿色产品设计可以帮助企业在竞争激烈的市场中脱颖而出。越来越多的消费者和利益相关方对环境友好的产品有着较高的关注度和需求，绿色产品设计可以帮助企业满足这些需求，并赢得竞争优势。

2）市场需求适应：基于对市场需求的洞察和响应，随着环境保护和可持续发展的重要性不断加强，企业通过绿色产品设计可以提前把握市场趋势，满足消费者对环保产品的需求，增加市场份额。

3）法规合规：面对全球范围内逐步严格的环境保护和资源能效方面的法规和标准，绿色产品设计可以帮助企业满足相关要求，确保企业在合规性方面的表现。为确保产品符合市场对环境物质管理的要求，企业需要有效分析行业绿色低碳需求，全面管理所有原辅物料的环保符合信息，对各项原材料进行严格评估审查。

4）成本节约：绿色产品设计在长期运营中可以带来成本节约。例如，采用节能技术和绿色材料可以减少能源和资源消耗，降低运营成本。通过材料循环利用和废物减少，企业可以减少资源浪费和废物处理成本。

5）可持续发展：绿色设计理念可以有效引导企业提升绿色创新水平，积极研发并引进先进适用的绿色低碳技术，大力推行绿色设计和绿色制造，生产更多符合绿色低碳要求、生态环境友好、应用前景广阔的新产品和新设备，以扩大绿色低碳产品的市场供给，提供绿色业务循环经济解决方案。

6）可持续供应链和品牌形象提升：一系列绿色产品研发和绿色设计业务活动可有效助力客户应对国内和国外市场环保低碳的挑战，巩固安全供应链基础，提升企业绿色低碳环保形象。通过制定各类标准不仅可提升市场影响力，满足行业绿色需求，还向市场传递了对环境和社会责任的关注，有助于建立企业的良好声誉，增强消费者和利益相关方对企业的信任和认可。

本章小结

本章首先阐述了当前环境问题和可持续发展面临的挑战，全球各国陆续提出绿色新政，重点发展生态工业和循环经济，以政策为牵引激发绿色经济生命力。行业企业作为实践者，围绕产品全生命周期践行绿色可持续发展战略，促进传统产业转型升级，催生绿色新方法和新模式。其次阐述了产品绿色设计的概念和发展历程，结合国际标准说明了产品绿色设计原则和方法。最后，阐述了绿色设计的意义，包括在行业/外部层面有助于满足环保合规性、引导绿色消费、规避绿色贸易壁垒和促进绿色金融发展；在企业/内部层面有助于提升绿色创新水平，提供绿色解决方法，切实推动绿色可持续制造的发展。

2

绿色设计产品的全生命周期分析方法

绿色设计产品体系框架以客户需求和产品功能为核心，以产品全生命周期环境影响评价（LCA）为方法，从产品环境分析、生态设计、绿色产品评价三个层级依次递进，如图 2-1 所示。企业通过开展产品环境分析（包括产品碳足迹分析、有害物质分析等），识别产品中的有毒有害物质和环境足迹主要贡献阶段，旨在为生态设计提供技术改进方向，以确保产品满足目标行业、地区和国家的环保和有毒有害物质法规及标准要求。生态设计环节根据目标客户和行业的绿色低碳需求，以产品的功能和质量为前提，结合产品环境分析结果，可采取不同方向的生态设计手段进行绿色改进，例如，基于节能低碳型设计帮助客户提升能效，实现能源节约和碳足迹减少；基于资源循环型设计，增强产品循环利用率；基于环境友好型设计，保证产品使用者的健康安全，避免环境和健康风险。产品的绿色评价方式较为多样，可根据产品类别和主要应用市场，选择相对应的绿色评价体系进行评估，也可申请绿色低碳产品标识，满足客户偏好和市场绿色需求。

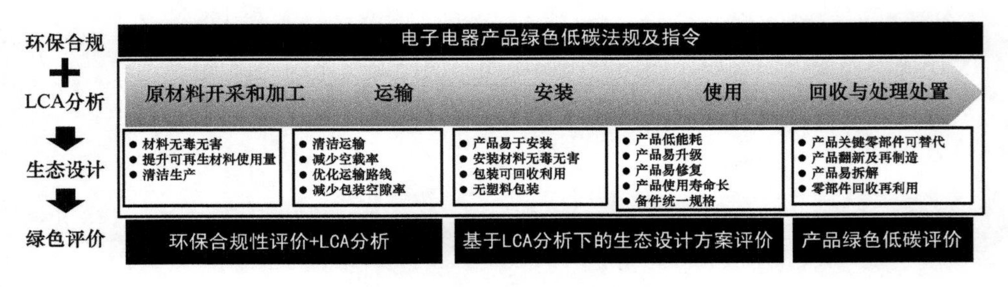

图 2-1 绿色设计产品系统框架

2.1 生命周期评价相关标准方法体系

生命周期评价对应的标准方法体系随着 LCA 广泛应用不断发展，目前主流体系包括：工业产品环境设计 1997（Environmental Design of Industrial Product 1997，EDIP1997）、生态指数 99（Eco-Indicator 99）、产品发展环境优先战略（Environmental Priority Strategies in Product Development，EPS）、环境科学中心 2001（Centre of Environmental Science 2001，CML2001）、工业产品环境设计 2003、（Environmental Design of Industrial Products 2003，EDIP2003）等。每个评估方法体系都有其独特的特点和适用范围，但都存在一些限制和数据不完备的问题。在实际应用中，需要根据具体的评估目的和情境选择适合的方法，并结合其他可用的数据和信息来进行综合评估。

工业产品环境设计 1997 体系面向产品开发和设计，将资源消耗、环境影响和健康安全集成在一个模型中。它包括几个步骤，如目标和范围定义、生命周期发明与评估、解释与评估结果等，用于评估产品在资源利用、能源消耗和环境污染等方面的影响。围绕局域性、区域性和全球性三个空间尺度，解释人类生活与生产活动对资源消耗和环境的影响。然而，该方法的因果关系链完善程度有待加强，部分模型未考虑环境背景和目标体系的脆弱性。

生态指数 99 体系引入多介质模型，基于污染物在不同介质中的迁移转化规律，构建了面向损害的生命周期评价方法，用于预测长期生态毒性影响。该方法将十一种不同环境影响因素整合为资源消耗、生态效应和人类健康效应三种类型。该方法体系通过将各类不同指标影响转化为综合指数，提供了一种相对简单直接的方式来比较不同产品或过程之间的环境影响。然而，该体系缺乏部分损害因素的影响，例如，营养物质排放对土壤和水体影响等。

产品发展环境优先战略体系参照产品支付意愿（Willing to Pay，WTP）来评价原材料和资源，通过环境审计明确材料和资源使用的合理性，促进节能减排和可持续发展。该体系的不足体现在针对非生物资源加权因素，无法直接参照 WTP 进行估计。该方案体系提供了一套评估工具和指南，用于确定产品在不同生命周期阶段的环境优先事项，并支持制定环境优先策略。

环境科学中心 2001 基于传统生命周期清单分析和标准化方法，提供了一套规范化的框架和计算模型，用于评估产品在资源利用、能源消耗、污染物排放和废物生成等方面的环境影响。该方案体系采用中间点分析，简化了假设数量、降低了模型的复杂度、增强了模型的可操作程度。然而，该体系中部分物质的生态毒性和排放特性数据缺失，可能导致评价结果的不确定性增大。

工业产品环境设计 2003 是 EDIP97 的更新版本，以更好地适应欧洲范围内的生命周期评价的需求。它提供了一套综合的评估方法，用于评估产品在整个生命周期内的环境性能，并支持制定环境友好的设计策略。该方案体系主要基于因果关系链条以实现环境影响量化计算。然而，该体系缺乏部分有机物质的表征因子，可能会导致模型的不确定性。此外，欧洲排放清单不完整也会影响标准化参考和后续计算。

此外，ISO 14040：2006“环境管理-生命周期评价-原则与框架”标准规定了 LCA 的基本原则、定义和框架，提供了进行 LCA 的指导。ISO 14044：2006“环境管理-生命周期评价-要求与指南”标准明确了进行 LCA 的要求和步骤，包括目标与范围界定、生命周期发明、生命周期影响评价和解释报告。此外，英国标准化机构（British Standards Institution，BSI）制定了 PAS 2050“规范产品的温室气体排放和能源使用的测量方法”，用于评估产品的温室气体排放和能源使用的影响。在方法层面，由四所主要研究机构合作开发的生命周期评价方法 ReCiPe 为评估产品、流程或活动的环境影响提供了思路和框架，包括多个环境影响类别（例如气候变化、酸化、水资源利用等），已成为可持续性评估领域广泛使用和认可的方法。ReCiPE 的缩写代表了研究机构的首字母，包括荷兰国家公共卫生与环境研究所（Rijksinstituut voor Volksgezondheid en Milieu）、荷兰尼姆根大学（Radboud University）、荷兰莱顿大学环境科学研究中心（Institute of Environmental Sciences，Leiden University），以及 PRé 咨询公司（PRé Consultants）。此外，由荷兰莱顿大学环境研究中心开发的 CML-IA（Centrum voor Milieukunde Leiden-Impact Assessment）方法也可用于评估产品的环境影响，包括资源利用、能源消耗、废物生成和污染物排放等。

2.2 生命周期评价软件与数据库

2.2.1 生命周期评价软件

生命周期评价（Life Cycle Assessment，LCA）是一种系统性的方法，用于评估产品、工艺或活动在其整个生命周期内对环境的影响。它通过辨识和量化能量和物质消耗以及由此引起的环境排放，从而提供了关于环境性能的全面评估。生命周期分析的目的在于评价不同物质和能量的使用，以及产品生命周期产生的废物，以及污染物排放对环境的影响。生命周期分析的结果贯穿产品、过程和活动的全生命周期，包括原材料提取与加工，产品生产、运输、销售、使用/维护，到产品废弃后的循环利用和回收处置等阶段。通常，生命周期评价包括目标和范围界定、清单分析、影响分析和改进分析。其中，目标和范围界定阶段明确评价的目的和范围，包括确定所评估的产品或系统的功能，界定系统边界、所涉及的生命周期阶段以及所考虑的环境影响类别等。清单分析阶段收集和编制与评估对象相关的数据，包括原材料消耗、能源使用、废物生成和排放等。这一步骤通常包括物质流分析和能量流分析。影响分析阶段对收集到的数据进行解释和评估，量化不同环境指标类别的影响程度。这可能涉及使用影响指标、模型和方法来评估，例如，全球变暖潜势、酸化潜势、资源消耗等环境影响。改进分析阶段基于评估结果，提出改进建议和措施，以减少环境影响、提高效率和可持续性。这可能包括产品设计优化、材料选择、工艺改进、能源节约措施等。生命周期评价已被标准化，并编制在 ISO 14040:2006 系列标准中，其中包括了目标和范围界定、清单分析、影响分析和改进分析等步骤。这些标准提供了评估方法的指导，以确保评价的一致性和可比性。许多国家和地区都采取了促进生命周期评价的政策和法规，推动其在各个行业和产品中的应用。例如，“生态标志计划”和“生态管理与审计法规”等都鼓励企业进行生命周期评价，并提供相关的指导和认证体系。

当前主流的生命周期评价软件见表 2-1，包括 SimaPro、GaBi、Umberto、EIME、TEAM、KCL-ECO 和 BEES 等，它们在企业界和学术界得到广泛应用。这些软件提供了丰富的数据库和分析工具，可以对不同行业和产品的环境影响进行评估和管理。需要注意的是，不同的软件在功能和应用领域上可能有所差异，使用者可以根据自身需求选择适合的软件进行生命周期评价。其中，SimaPro 和 GaBi 是目前企业界和学术界使用最广泛的两款软件，分别由荷兰 Leiden 大学环境科学中心和德国斯图加特大学 IKP 研究所研发，均可用于分析农业、建筑产业、能源设备、材料采矿等产品、过程和活动对环境的影响。SimaPro 软件集成了不同的数据库，将不同来源的数据分级存储，兼顾实用性和保密性。GaBi 软件包含大量不同材料和能源的流程信息，数据库整合了产业界和学术界的清单数据库，数据全面丰富。但是两种软件售价相对较高，不同数据库使用前可能需要单独购买。Umberto 软件由 ifu Hamburg 公司开发，用于物料和能量的分析，包括综合成本会计、生命周期评估和碳足迹评估，通过构建物流网络模型的方式对能源和材料流动过程中的数据信息进行分析和管理。EIME 工具由法国一家专业从事生命周期分析的咨询公司 Cobilan 研发，主要用于环境信息和效能的相关研究。EIME 基于 LCI 数据库和 11 种影响指标，售价低廉，使用方法便捷，但是无法进行碳足迹相关评估。TEAM 软件由 Ecobilan 公司开发，主要用于描述建筑材料生产，以及不同建筑物建设和使用阶段的信息。基于 TEAM 软件，使用者可以通过改变特定参数实现某一建筑物生命周期环境影响的计算，由此设计出高环境质量的建筑方案。KCL-ECO 软件由芬兰纸浆造纸研究院研发，使用连续或稀疏矩阵来求解系统方程。BEES（Building for Environmental and Economics Sustainability）由美国国家标准与技术研究院（NIST）研发，适用于建筑行业，多用于分析建筑、建筑材料和施工等的环境与经济效能。此外，相关软件还有欧洲 Open LCA framework，以及日本 NIST 和 JAMAI 研究中心开发的评价系统 AIST-LCA 软件、JAMAI-LCAPro。具体而言，各种软件的优缺点如下：

表 2-1 主流的生命周期评价软件

生命周期评价软件	国家/地区	提供商	主要功能									
			生命周期管理（LCM）	生命周期评价（LCA）	生命周期清单分析（LCI）	产品管理（PM）	供应链管理（SCM）	生命周期环境影响评价（LCIA）	生命周期成本分析（LCC）	面向环境的设计（DfE）	生命周期工程（LCE）	物质/材料流分析（SFA/MFA）
SimaPro	荷兰	Pre Consulatants B. V.	★	★	★	★	★	★	★	★	★	★
GaBi	德国	PE International Gmb H	★	★	★	★	★	★	★	★	★	★
Umberto	德国	ifu Hamburg Gmb H	★	★	★	★	★	★	★	★	★	★
EIME	法国	CODDE		★	★			★		★		
TEAM	法国	Ecobilan	★	★	★	★	★	★	★	★		
KCL-ECO	芬兰	KCL	★	★	★	★	★	★		★	★	★
OpenLCA framework	欧洲	GreenDeltaTC	★	★	★	★	★	★	★	★	★	★
BEES	美国	NIST		★	★			★	★			
JAMAI-LCAPro	日本	JEMAI		★	★			★				
AIST-LCA	日本	AIST	★	★	★	★	★	★				

1）SimaPro

• 优点：具有广泛的数据库和模型库，支持多个生命周期评价方法，用户界面友好，适用于不同行业和产品类型的评估。

• 缺点：软件价格较高，某些数据库需要额外购买，学习曲线较陡。

2）GaBi

• 优点：包含丰富的数据库和清单信息，覆盖多个行业和材料，支持多种评价方法，具有灵活的建模和分析功能。

• 缺点：软件价格较高，某些数据库需要额外购买，使用某些高级功能可能需要较高的技术要求。

3）Umberto

• 优点：综合分析物料和能量流动，可用于综合成本会计、生命周期评估和碳足迹评估等方面，支持建立物流网络模型。

• 缺点：部分功能可能相对较复杂，用户界面可能不够友好。

4）EIME

• 优点：价格相对较低，使用简便，适用于环境信息和效能的相关研究。

• 缺点：可以进行碳足迹相关评估，但是可用数据库较少。

5）TEAM

• 优点：用于描述建筑材料生产和建筑物生命周期环境影响的信息，提供高环境质量的建筑方案设计。

• 缺点：适用范围相对较窄，主要针对建筑行业。

6）KCL-ECO

• 优点：解算系统方程时使用连续或稀疏矩阵，适用于多种行业和产品类型。

• 缺点：在一些功能和数据方面可能不如其他软件综合。

7）BEES

• 优点：适用于建筑行业，用于分析建筑、建筑材料和施工等方面的环境与经济效能。

• 缺点：功能可能相对较专业化，适用范围有限。

2.2.2 生命周期评价数据库

欧美等发达国家在生命周期数据库开发领域开展了大量研究工作，其中欧洲最早开始构建产品清单数据库，也是当前全球范围内生命周期清单数据量最全的地区。例如，英国开发了 Boustead 数据库，主要基于产业领域的调研数据，涵盖 20 多个国家，具有一定的通用性。此外，瑞士开发了 ETH-ESU 96、BUWAL 250、Ecoinvent 等多个数据库，荷兰开发了 Input-Output 95、IDEMAT，瑞典开发了 SPINE@ CPM 数据库，丹麦开发了 Statistics Denmark 和 LCA Food Database 数据库[11]。北门地区数据库主要包括美国的 Input-Output 98、Franklin US LCI 98 和加拿大的 CRMD 等。澳大利亚开发了 Australian LCI Database、National LCI Database 数据库，日本和韩国也分别搭建了 Input-Output 和 Korea LCI datebase 数据库[12]。其中主流的数据库包括：

1）Ecoinvent V3：目前全球使用最广泛的生命周期评价数据库之一。它包含了广泛的产业数据和清单信息，覆盖了各种物质和能源的生产和消耗过程。拥有超过 10000 个工艺流程，涵盖了能源、运输、建材、化工、洗涤、纸板、农业及废弃物管理等行业领域。数据可以按照默认的分配模式及归因型数据格式和模式呈现。另外，数据格式既可以按照单元数据格式呈现，也可以按照系统数据格式呈现。在 Ecoinvent 单元数据格式下可以进行蒙特卡洛分析计算数据结果的不确定性。数据库中也包含了区域水径流模型，从而方便进行水足迹计算分析。Ecoinvent V3 由瑞士的 Ecoinvent center，Switzerland 负责开发。

2）GaBi：由德国的 Thinkstep 公司（前身为 PE International）开发的 LCA 数据库，包含了广泛的行业和产品数据，适用于多个应用领域。该数据库原始数据主要来自与其合作的公司、协会和公共机构。2022 年发布的最新数据库包括了各国和行业的 17000 汇总过程数据集，涵盖了建筑与施工、化学品和材料、消费品、教育、电子与信息通信技术、能源与公用事业、食品与饮料、医疗保健和生命科学、工业产品、金属和采矿、塑料、零售、服务业、纺织品、废物处置等行业。

3）ELCD：由欧盟研究总署（JRC）联合欧洲各行业协会提供，是欧盟政府资助的公共数据库系统，ELCD 中涵盖了欧盟 300 多种大宗能源、原材料、运输的汇总 LCI 数据集（ELCD 2.0 版），包含各种常见 LCA 清单物质数据，可为在欧洲生产、使用、废弃的产品的 LCA 研究与分析提供数据支持，是欧盟环境总署和成员国政府机构指定的基础数据库之一。

4）US LCI：美国生命周期清单数据库是由美国环境保护署（EPA）维护的一个生命周期评价数据库，包含了广泛的产品和产业数据，适用于美国相关的评估和研究。其拥有 423 个工艺流程数据，涵盖北美重要的能源、运输、材料制造（包括农业、化工、塑料、金属、木材）等行业。数据库开发者是 NREI，USA。

5）European Life Cycle Data（ELCD）：拥有 327 个工艺流程数据，由欧盟前商业协会组织及其他机构提供，涵盖材料、能源、运输以及废弃物管理。各数据单元由各相关行业提供并认可。开发者是 JRC，DG environment EU，European Commission。

6）US Input Output：美国 US IO 数据库包含两个数据库，一个使用经济价值分配原则，另外一个使用经济价值并结合系统扩充分配原则。数据库基于 2002 年的商品矩阵，并辅以生产资料数据。IO 数据库中的商品矩阵与许多环境数据资源相联结，该数据库的开发者是 IERS，LLC，USA。

7）Swiss Input Output：瑞士 IO 数据是 ESU-services 所开发，作为面向瑞士联邦政府环境署项目的一部分，包含了 154 个工艺数据。

8）Australian LCI Database：澳大利亚生命周期清单数据库是由澳大利亚环境管理局维护的一个生命周期评价数据库。它包含了澳大利亚相关的数据和清单信息。

除上述列举的数据库，还有其他地区和组织开发的生命周期评价数据库，例如加拿大的 CRMD（Canadian Raw Materials Database）和 Korea LCI Database 等。此外，一些数据库还提供了互操作性，可以与不同的生命周期评价软件进行集成和使用。需要注意的是，不同的数据库在覆盖范围、数据准确性和适用性等方面可能有所差异。选择适合的数据库需要根据具体应用的需求和背景进行综合评估。同时，数据库的更新和改进也是一个持续进行的过程，新的数据和方法会不断加入现有的数据库中。

本章小结

本章阐述了绿色设计产品系统框架，基于客户需求和产品功能，包含产品环境分析、生态设计和产品绿色评价三个层次。首先介绍了全球范围内主流的生命周期评价对应的标准方法体系，包括生态指数 99、工业产品环境设计 2003 等。此外，基于生命周期评价思想，本章汇总了主要的生命周期评价软件，并综合对比其国别、开发企业，以及主要功能模块。同时，介绍生命周期数据库开发领域的进展，重点阐述了不同数据库的数据来源、涵盖行业领域，以及数据工艺信息。

3

产品绿色设计及在电子电器行业中的应用

3.1 产品绿色设计

3.1.1 绿色设计产品的定义

绿色设计产品的概念最早出现在美国20世纪70年代发布的环境污染法规文件中，在后续的发展过程中，根据不同的环境、需求和标准有了多种方式的定义。各种定义的核心是类似的，旨在关注产品生命周期的全过程，从设计、制造、使用、维护到最终报废和回收，都应尽可能地节省资源，减少能源消耗，减少环境污染，并尽量减小对人体健康的影响。绿色设计产品的关键要素包括以下五点：

1）采用可拆卸并可分解的模块化设计，以便零部件经过翻新处理后可以被重新利用；

2）尽量减少零部件的使用数量，合理利用原材料，鼓励零部件的重复利用；

3）在产品进入寿命末端，零部件可以通过翻新、再制造等方式被重新利用或安全处置；

4）在全生命周期过程的各个阶段都符合特定的资源和环境保护要求，尽可能降低对生态环境和人体健康和安全的影响；

5）在产品生命周期中（包括原材料制备、产品规划、设计、制造、包装及发运、安装及维护、使用、报废回收处理及再利用），均以资源和能源节约、环境污染减少或消除为目标。

上述要素小结揭示了绿色设计产品的核心，可以从“材料-零部件-产品”多重级别的循环再生利用及安全的角度来描述，或者从产品全生命周期流程角度考虑资源和能源的高效利用和环境保护，也可从产品的功能性延伸到环境、资源效益和人体健康安全性等更多维度。绿色设计产品涵盖的要素和范围广泛，全球范围内不同国家和行业存在不同的标准来定义和评估绿色产品。然而，当前绿色设计产品相关的标准体系面向不同的应用场景，例如，加强产品设计和开发过程中的环境因素考量，利用生命周期评估方法实现能源管理，或利用环境标签和声明传递产品或服务的环境特性。即使是相同的绿色属性，在不同的绿色指标或评估中也可能存在冲突矛盾。因此，本书并未直接采用现有绿色产品定义和描述，而是基于前人的研究，将绿色设计产品定义为在产品生命周期中（包括原材料制备、设计、生产制造、物流运输、使用维护、回收拆卸和废弃处置）采用先进技术，经济地满足用户功能和使用性能上的要求，同时实现节省资源和能源，减小或消除环境污染，且对人体健康安全伤害尽可能小的产品（见图3-1）。当前产品绿色设计以“材料+能源”作为输入端，围绕低能耗、资源减量、污染减排、高资源利用率和能源回收等目标，基于环境足迹评判和全生命周期评价等评价分析工具和方法，实现“资源+健康安全+环境”多

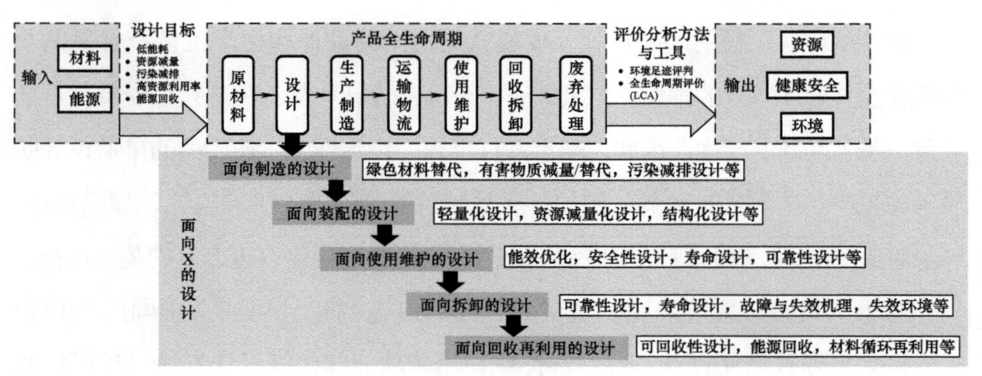

图3-1　产品绿色设计方法

维度输出。该系统框架强调在产品绿色设计中考虑最大程度地提高能源和资源的效率，即在满足功能需求的前提下，以最小的环境消耗实现设计目标。

3.1.2 面向X的产品绿色设计

产品设计阶段在很大程度上决定了产品全生命周期的环境影响和资源消耗，包括产品生产制造、物流运输、使用维护和回收再利用等环节。产品的绿色设计强调通过设计的手段将资源、能源消耗等对环境的影响最大程度地降低，提高资源、能源的利用效率。面向产品生命周期的绿色设计是一种全面审视产品生命周期各个阶段的设计策略，以最大限度地降低资源消耗和环境负面影响，常常以DFX（Design for X）的形式呈现。

面向X的设计中“X”指代整个生命周期过程中的各个环节，包括制造、装配、使用维护、拆卸以及回收再利用。它强调了全面的、系统的设计思维，其中各个子模块均致力于节约能源、减少材料消耗、鼓励资源回收再利用等绿色效益。这些设计方法侧重于不同阶段的设计需求，在目标和重点上有所不同：面向制造的设计主要关注制造效率和成本控制，优化生产过程；面向装配的设计关注装配过程的简化和优化；面向使用维护的设计关注产品的可靠性和易维护性；面向拆卸的设计关注产品在废弃后的易拆卸和材料回收；而面向回收再利用的设计关注产品材料的循环再利用等。

3.1.2.1 面向制造的设计（Design for Manufacturing）

在传统串行工程的产品设计开发模式中，产品设计和生产工艺设计是两个相互独立并顺序执行的过程。该模式下，产品的设计和加工制造过程脱节，可能导致一系列问题的产生。因此，基于并行工程的设计理念，在产品的早期设计阶段考虑生产制造因素的约束（例如，产品制造所需设备、工装模具、加工装备，以及对应的时间、费用等）提供给工程师作为设计和优化改进方案的基本依据。

对于不同的产品类型和制造环境，面向制造的设计可能有不同的表现形式，例如，通过简化设计、合并部件或使用多功能部件等设计方法，尽可能减少部件的数量，以简化组装过程，降低制造成本。基于加工方面的考量，在产品的材料选择上尽量选择易于加工，形状和尺寸稳定的材料，以降低加工难度，减少制造过程中的废料和浪费。此外，尽量使用可回收再利用、环保的材料，最大限度减少对环境和人体健康安全的影响。材料选择时也应考虑供应链管理，避免由于材料供应问题导致的生产延迟。

3.1.2.2 面向装配的设计（Design for Assembly）

面向装配的设计旨在通过减少零部件数量，简化产品的装配过程，提高产品的整体性能和质量，同时降低制造成本。它考虑了在产品设计阶段，如何更有效地组装产品，以便在制造阶段能更容易、更快速地完成装配。基本的设计原则包括：①最小化零部件数量：在不影响产品功能的前提下，尽量减少零部件的数量；减少组装时间和成本，也降低因为组装错误而造成原材料浪费的可能性；②设计易于装配的零部件：零部件应该易于抓取、定位和插入，避免使用需要精确定位或插入的零件；③使用模块化设计：模块化可以让零部件在其他产品中重复使用，也可以让产品更容易地进行升级或维修，由此减少零部件制造带来的环境影响，提高材料的使用效率；④减少装配方向：如果可能，设计成只有一个装配方向的产品，可以减少组装时间和错误，避免组装过程中的重复作业和材料浪费；⑤优化设计以方便自动化装配：主要应用于大批量生产场景，提高装配效率。

乐高（LEGO）公司积木产品设计是模块化设计的典型案例，每个积木的零部件都设计得易于装配、拆卸和重复使用，而且零部件数量也应尽可能地减少。每个积木的零部件都可以与其他部件兼容，极大地提高的其装配效率和灵活性。同时，通过模块化的设计，有效地实现了标准化和互换性，在生产制造过程有利于高效率和低成本的实现；在使用维护阶段，延长产品的使用寿命，在消费端减少了因为重复购买造成的资源和能源浪费。

3.1.2.3 面向使用维护的设计（Design for Use and Maintenance）

面向使用维护的设计是在产品设计过程中考虑产品的易用性（即使用的便捷性和直观性）和可维护性（即易于维修、升级、替换零部件等）。目的是确保产品不仅在初始阶段性能表现良好，并且在全生命周期过程中都能维持性能水平，易于维护和修复。主要考虑以下原则：①易用性设计：产品设计应满足用户需求，易于理解和使用。例如，用户界面应简单直观，控制和操作手柄应易于操作，颜色和图形应易于识别；②可维护性设计：产品设计应便于维修和更换部件。例如，设计应使关键零部件易于访问，使用标准化零部件以便替换，同时提供清晰的维护和修理指南；③耐用性设计：产品设计应使产品在其预期使用期内具有良好的性能和耐用性；④可升级性设计：设计应允许产品进行升级和改进，以满足未来的需求或性能改进；⑤产品寿命延长：设计应力求产品具有更长的寿命，既可以通过使用高质量材料来实现，也可以通过设计出可维护和可修复的产品来实现。寿命更长的产品意味着不需要那么频繁地更换，这样可以节省大量的资源和能源。例如，针式打印机使用的框带可循环使用十次以上，喷墨盒和碳粉盒均可以使用五次以上。

戴森吸尘器的设计工程师考虑到了使用和维护的方便性。例如，清理和更换滤网等关键零部件的步骤相对简单，大多数用户都可以自行操作。此外，戴森吸尘器的设计也确保了在正常使用期内的良好性能和耐用性，减少了频繁维修的需要。此外，苹果公司的手机设计就包含了许多面向使用和维护的设计原则。例如，iPhone 的用户界面设计直观、易用，让用户能够快速上手。同时，苹果提供了一系列在线和实体的维修服务，帮助用户处理故障或更换零部件。虽然 iPhone 内部零部件的更换和修理需要专业技术，但其整体设计仍以用户的使用体验和服务支持为优先。

3.1.2.4 面向拆卸的设计（Design for Disassembly）

面向拆卸的设计，其核心是确保产品可以被方便、有效地拆解，以便产品的维修、升级、回收和再利用。面向拆卸设计的主要原则包括：①最小化连接点：尽量减少产品零部件之间的连接点，以简化拆卸过程；②使用可拆卸连接器：使用可拆卸连接器，例如螺钉、卡榫等，以便于拆卸和重组；③标注和编码：在产品上明确标注其材料的种类、组装顺序和拆卸方法，方便拆卸和分类；④模块化设计：模块化设计可以使单个零部件在不影响整体功能的情况下进行更换和升级；⑤优先使用可回收材料：优先使用可回收材料，以便在产品寿命结束后进行回收再利用。

例如，特斯拉电动汽车的电池组件采用了模块化设计。整个电池组由多个电池模块组成，每个模块由许多电池单元组成。该设计使得整个电池组可以相对容易地被拆卸和更换。如果某个模块或单元出现故障或损坏，维修人员可以更换单个模块而无须替换整个电池组，这样大大降低了维修成本和时间。谷歌的 Pixel 手机采用了面向拆卸的设计，用户可以很容易地将手机分解为单个组件，如电池、屏幕、摄像头等，进行更换或维修。此外，手机的大部分材料也可以被回收再利用，有利于减少电子废物的产生。宜家的家具设计也大量采用面向拆卸的原则。宜家的产品通常会带有详细的组装和拆卸指南，用户可以根据需要自行组装和拆卸。这种设计方式不仅方便了运输和搬运，也便于用户根据需要更换或修理单个部件。

3.1.2.5　面向回收再利用的设计（Design for Recycling）

在产品设计阶段就要开始考虑产品退役后的合理资源化手段，例如，产品零部件或材料级别的循环再生利用，可以有效提高废弃产品的再生利用率，减少甚至消除产品废弃过程中直接或间接产生的环境污染。在产品设计初期应充分考虑产品零部件材料的回收可能性、回收价值、回收处理方式等细节，最终达到零部件材料资源、能源的最大利用，对环境和人体健康安全的最小影响。在面向回收再利用设计中，优先顺序依次为零部件再制造重用、材料循环、能量循环和焚烧和填埋。

1）零部件再制造重用：如果产品达到寿命末期但某些部分仍然有用，这些部分应在可能的情况下被拆解并重用在新产品中。将回收的产品进行拆卸，把经过检验、加工、表面处理等再制造处理的零部件作为配件，可重新装配到新的产品中，而产品的质量如新产品一样。例如，旧电脑的某些部分（如内存、硬盘等）可能在其他设备中得到重用。需要注意的是，能够进行再制造的产品一般满足的条件如下：首先产品属于耐用的产品；产品是标准化、规范化的，零部件有互换性；零部件剩余的附加值高，且产品技术稳定；同时，获得退役产品的成本一般低于剩余的附加值。此外，除了满足相关法律法规的约束外，还需要考虑消费者对于再制造产品的认同。

2）材料循环：如果零部件无法重用，那么应该尽可能地回收其构成材料。这可能涉及将金属、塑料等物质从旧产品中分离出来，然后将这些材料再次用于生产新产品。材料按照循环的等级进行处理，常见的处理方式包括破碎、粉碎和分离等流程。

3）能量循环：如果材料不能被回收再利用，那么在可行的情况下，应该考虑将它们转化为能源。例如，有些类型的废弃物可以在焚烧设施中进行焚烧，产生的热能可以被用来产生电力或供热。焚烧各种不可能再循环的材料用于获得能量，而能量回收的基本可行性是材料的热值。一般来说，当材料的热值大于8MJ/kg时，能量循环具有较大的经济价值。据统计，每吨垃圾焚烧后可发电200~250kW·h，预计日处理量为1500t生活垃圾的焚烧厂全年可对外供电8000万kW·h左右。

4）焚烧和填埋：这是最后的选择，只有在其他所有方法都不可行的情况下才被采取。对于没有任何价值的废弃物，焚烧可以通过热解和气化等方法来进行，以减少对环境的影响。此外，由于生活垃圾中的有机质含量较高，可用于堆肥，将废渣进行安全填埋，一些无污染的废物也可以直接被填埋。需要注意的是，填埋应尽量避免，因为它既占用土地资源，还可能对环境造成污染。

3.2 电子电器产品范围与类别

电子电器产品指依靠电流或电磁场工作或者以产生、传输和测量电流和电磁场为目的的设备及配套产品。主要包括但不限于以下十类设备类型及其配套产品：通信设备、广播电视设备、计算机及其他办公设备、家用电器电子设备、电子仪器仪表、工业用电器电子设备、电动工具、医疗电子设备及器械、照明产品，以及电子文教、工美、体育和娱乐产品。

为了控制和减少电器电子产品废弃后对环境造成的污染，促进电器电子行业清洁生产和资源综合利用，鼓励绿色消费，保护环境和人体健康，根据

《中华人民共和国清洁生产促进法》《中华人民共和国固体废物污染环境防治法》《废弃电器电子产品回收处理管理条例》等法律、行政法规，中国工业和信息化部联合国家发展和改革委员会等七部委共同颁布了《电器电子产品有害物质限制使用管理办法》。参考中华人民共和国电子行业标准 SJ/T 11364—2014，该办法定义电子电器产品是指依靠电流或电磁场工作或者以产生、传输和测量电流和电磁场为目的，额定工作电压为直流电不超过 1500V、交流电不超过 1000V 的设备及配套产品。此处的“配套产品”，是指用于《管理办法》适用范围内电器电子设备的组件/部件、元器件和材料。其中涉及电能生产、传输和分配的设备除外。欧盟报废电子电器设备指令（Waste Electrical and Electronic Equipment Directive 2002/96/EC）规范的产品对象为工作电压直流电不超过 1500V、交流电不超过 1000V 的设备，包括大型家用电器、小型家用电器、资讯技术及电信通信设备、消费性耐久设备、照明设备、电气和电子工具（大型静态工业工具除外）、玩具、休闲和运动设备、医用设备（所有被植入和被感染产品除外）、监视、控制设备、自动售货机等类别。

3.3 电子电器产品生命周期

电子电器产品的设计和研发过程应考量产品所属行业、国家和地区的绿色低碳标准和法规要求，采用基于绿色设计原则来限制有毒有害物质的使用，选用生态环保材料，开展模块化/数字化设计。同时，针对不同版本产品，开展环境影响评价，持续迭代优化产品设计。在生产阶段，产品材料选用应符合 ISO 14020 和 ISO 14021、REACh、RoHS、IEC 62474 等法规或标准的声明和要求。基于可持续包装和绿色物流理念以提高运输效率，降低运输能耗。在产品销售和使用环节，基于目标市场的环保标准和需求，有效识别并对设计要素进行自查自纠，并如实披露产品相关环境信息。在产品报废阶段，在相关指令和标准的指导下进行处置（例如 WEEE 2012/19/EU、IEC/TR 2635 等），促进相关产品的回收、再利用和再循环，旨在减少参与废弃物，提高产品全生命周期环境效益（见图 3-2）。

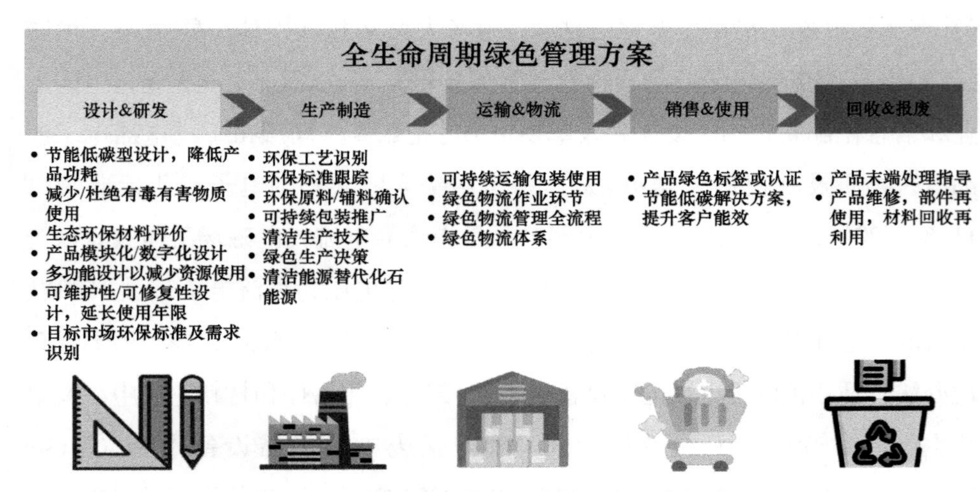

图 3-2　电子电器产品全生命周期绿色管理方案

绿色设计的利益相关方贯穿电子电器产品价值链，包括政府、供应商（设备或材料）、生产工厂、用户、服务商，以及资本市场与社会。政府和监管机构，包括中央政府、地方政府和相关行政管理部门，是社会公共利益的维护者。针对电子电器产品开展绿色设计有利于实现节能减排和环境保护的目标。政府可通过制定绿色设计相关制度和政策、建立并完善监督机制，成为绿色设计的推动者和维护者，鼓励和要求企业在产品设计和生产中考虑环境影响，有力推动绿色设计、减少环境污染。在电子电器产品全生命周期过程中，材料选用和设备能耗是影响产品环境效益的重要环节。因此，设备和材料等供应商的低碳节能降耗技术的应用，对于产品全过程节能降耗起到重要作用。电子电器产品的研发设计团队有责任认清推广绿色产品认证和标签的相关要求，在满足环保合规性要求的基础上，平衡产品成本、功能、技术和环境效益等要素。同时，通过关注生产制造过程中设备、材料、加工工艺等环节，有利于落实电子电器产品绿色设计，包括材料利用效率、能源利用效率等可量化指标的达成。供应链合作伙伴包括原材料供应商、零部件制造商、代工厂、服务商，以及电子电器产品售后、维修和回收商等。他们在产品的设计、制造和组装过程中发挥着重要作用。通过与供应链合作伙伴合作，采取绿色供应链管理措施，可以确保原材料的环境友好性，减少对环境的影响。此外，发展电子电器产品绿色设计最终需要参与者的检验，客户和使用者的接受程度、产品使用能耗等性能的改善都将影响绿色设计的实施与落地。绿色设计可以提供更节能、环保和可持续的产品，从而满足用户对可持续生活方式的追求，并提供更好的使用体验。公众对于环境保护和可持续发展越来越关注，对产品的环境性能有一定的期望。绿色设计可以满足公众对环保产品的需求，促进可持续消费和生活方式的发展。此外，环境组织和非盈利机构通过监督和倡导，推动企业采取绿色设计和可持续实践，保护自然资源，推动环境保护和可持续发展。学术界和研究机构在电子电器产品绿色设计中提供技术支持和创新。它们通过研究和开发新的绿色技术、材料和方法，推动产品的环境性能改进和创新。因此，各利益相关方对绿色设计的认知程度在一定程度上决定了绿色设计的发展和应用，对推动电子电器产品的绿色设计、环境保护和可持续发展具有积极影响。

3.4 产品绿色设计研究概述

自20世纪90年代起，全球范围内行业企业和研究机构的专家学者开展了大量研究，包括法规、标准制订，绿色设计方法和应用等。欧美发达国家和地区以及中国已存在大量专门从事绿色设计相关研究的机构（见表3-1）。

表3-1 绿色设计领域研究机构及其研究方向

机构	国别	研究方向	研究内容
卡内基梅隆大学	美国	生命周期分析、能源和环境	产品全生命周期成本核算、绿色设计价格设定、环境标准制订和管理系统等
德克萨斯理工大学	美国	绿色设计与制造，工业工程和逆向物流	电子产品全生命周期评价理论及其应用
麻省理工学院	美国	气候政策和能源转型相关政策制订	联合研究机构和行业企业推动可持续发展政策制订与实施
剑桥大学	英国	可持续再生设计，可持续工厂	可持续制造，生态设计和商业创新
拉夫堡大学	英国	资源节约和能效提升	绿色设计，废弃物管理，消费和商业模式创新

（续）

机构	国别	研究方向	研究内容
柏林工业大学	德国	全球生产工程项目	工厂顶层架构设计，制造技术评估和管理战略优化
皇家墨尔本理工大学	澳大利亚	绿色设计	产品全生命周期分析，绿色产品与包装，绿色建筑
合肥工业大学	中国	产品绿色设计理论与方法	电子电器产品、汽车、工程机械产品的绿色制造
上海交通大学	中国	产品可持续设计	汽车产品的拆卸性设计与评估
清华大学	中国	绿色设计和无害化工艺	生命周期绿色制造方法与工具
华中科技大学	中国	绿色设计	绿色调度和控制系统建模
四川大学	中国	生命周期分析	生命周期评价、绿色设计多目标决策和软件开发
山东大学	中国	绿色设计	绿色设计模型与决策优化

在产品绿色设计领域，主要研究方向包括绿色设计政策与标准、信息建模、绿色设计方法和绿色设计使能工具等几个方面。基于我国产品绿色设计和评价相关政策与标准化需求，有研究采用生命周期理论，分析绿色设计的内涵和外延，构建电子电器产品的绿色设计与评价指标体系，推动绿色制造与工业转型升级[13]。此外，需要构建更加完整的标准体系，覆盖更为广泛的产品种类，通过技术融合和标准宣贯与应用，发挥标准在电子电器行业绿色产品设计领域的引领作用[14]。我国生产者责任延伸制度仍处于发展阶段，面临着法律制度不完善、生产者参与度不高等诸多挑战，有研究基于公司实践，探索绿色设计技术、绿色工艺与清洁生产、绿色回收与资源化等新模式的战略意义[15]。在信息建模领域，张雷等人将知识重用理论引入产品的绿色设计中，通过知识的多级迭代、单元实例搜索和多属性效用决策等方法开展产品的概念设计[16]。李龙等人基于质量功能展开技术将绿色性需求分析映射到产品全生命周期中的绿色特征，建立了以绿色性需求满意度最大为目标的产品优化模型[17]。在绿色设计方法领域，彭安华等人基于并行设计，将材料选择与回收处理相结合，基于灰色相似性理论和理想解法对材料绿色性进行排序、决策与优选[18]。中国电子产品可靠性与环境试验研究所提出一种电子电器产品绿色设计方法，针

对产品设计流程中的设计要素，获取对象信息形成多种设计方案并通过多维评价指标对所述多种设计方案实现绿色评价[19]。围绕绿色设计使能工具，合肥工业大学研发了面向绿色设计的材料选择系统，能够有效集成环境效益、经济效益和功能等要素，实现材料的查询和选择。清华大学研发了产品回收建模与决策分析模型，在产品设计阶段即可对产品的回收性进行分析和评价。在满足产品功能要求的前提下，系统可生成推荐的产品结构信息。需要注意的是，当前绿色设计产品信息建模、设计方法和使能工具等研究主要聚焦在特定的设计阶段或目标，绿色设计指标、绿色属性要素和绿色设计业务流程之间的系统性和集成性研究仍有较大研究潜力。

本章小结

本章首先对绿色设计产品进行了定义，并介绍面向 X 的设计方法，说明了如何通过设计的手段改善全生命周期范围内各阶段的环境效益。此外围绕电子电器产品绿色设计，明确了电子电器产品范围及类别，并介绍其生命周期各阶段的绿色管理方案。通过阐述电子电器产品绿色设计的利益相关方，说明政府、研发团队、供应商、客户等角色对绿色设计的认知程度会综合影响绿色设计的发展与应用。此外，本章简要归纳当前绿色设计领域主要研究机构及其研究内容。总结研究现状后发现主要理论研究仍关注特定设计阶段或目标，绿色设计整体性和集成性研究仍有较大研究空间。

4

电子电器产品绿色设计流程

4.1 绿色设计理论框架

陶璟提出面向方案设计阶段的产品生命周期设计框架，通过建立生命周期设计的需求域、功能域和方案域，重构分析绿色设计过程知识[20]。基于理论分析，研究提出了设计过程模型，包括需求分析和设计目标定义、产品初步方案设计、基于产品初步方案的生命周期过程方案设计、产品初步方案的绿色改进设计和生命周期方案设计评价如图 4-1 所示。此外，产品生命周期设计的实现还需要一定设计支撑资源，主要包括产品设计知识（包括常规面向功能、性能的设计知识和面向生命周期的设计知识）、产品生命周期设计实例（作为设计参照）、产品生命周期数据（用于进行产品、产品结构单元环境性能分析），以及设计工具资源（包括常规的产品设计工具，如 CAD 等图形软件，以及产品生命周期设计辅助计算机工具，或本研究中开发的产品生命周期设计系统）。

基于绿色设计准则，李方义提出产品绿色设计的框架[22]。围绕产品系统设计过程，建立了面向全生命周期过程的产品系统模型。包括综合应用层、领域应用层、核心层、逻辑环境层和物理环境层。同时，在设计过程的不同阶段，针对部分设计方案，包括材料选择方案、结构设计方案、工艺设计方案、包装运输设计方案、使用维护设计方案、拆卸回收设计方案、报废处置设计方

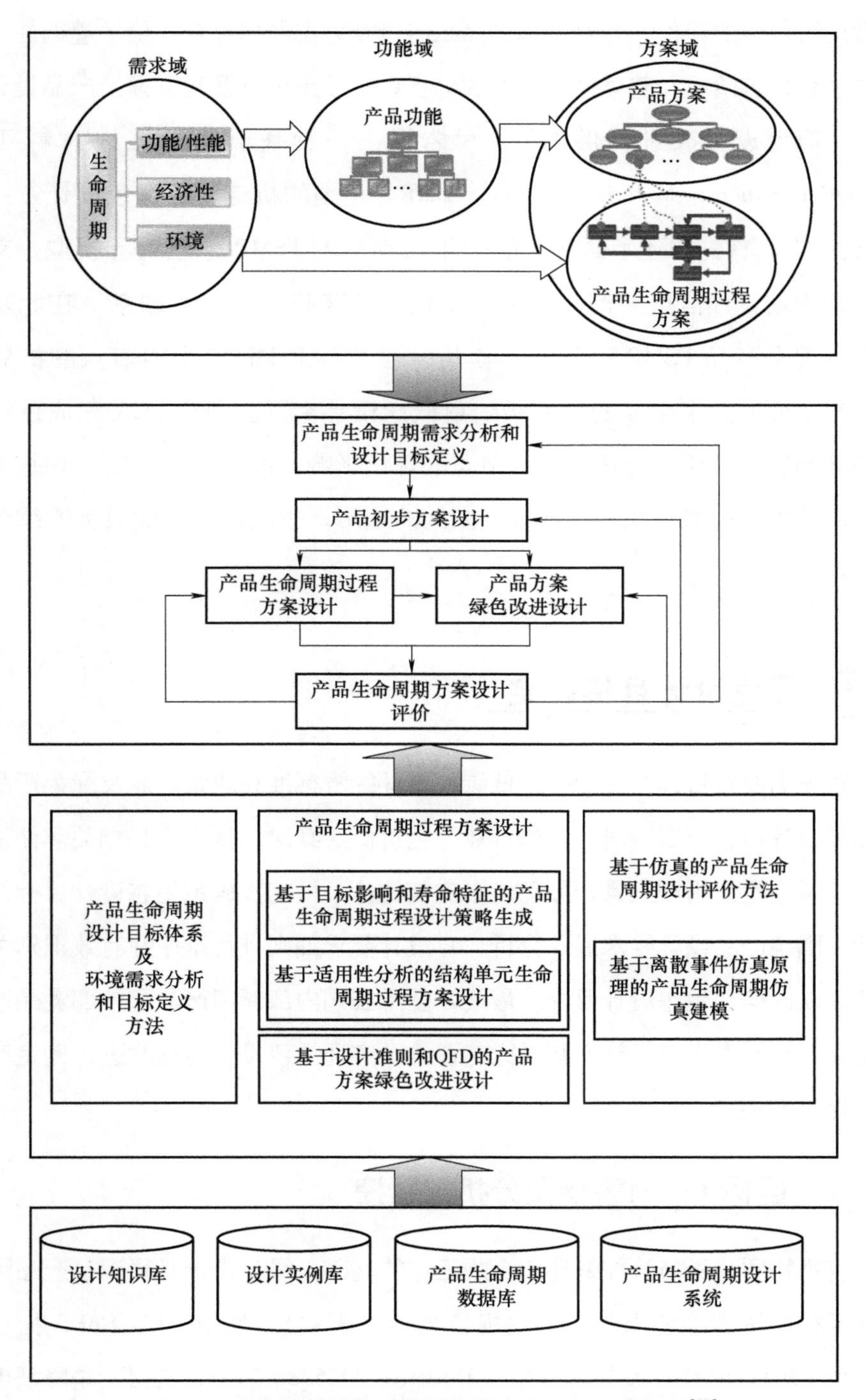

图 4-1 面向方案设计阶段的产品生命周期设计框架[20]

案做出阶段性的评价，并对总体产品系统设计方案做出综合评价。遵循并行工程的思想，各阶段和整体设计方案的分析评价结果可以及时反馈给产品设计过程，从而为设计改进提供指导。付岩提出一种基于功能-结构-材料-工艺（Function-Structure-Material-Process，FSMP）模型的机电产品绿色设计方案生成方法[24]。首先构建了面向产品全生命周期的 FSMP 绿色设计模型，支持全生命周期设计信息（产品材料、使用、工艺等）的关联映射。在此基础上，以现有产品 FSMP 设计树为模板，通过对 FSMP 模型中节点的扩展关联，构建面向方案生成的多层级映射概念设计空间。利用 LCA 完成设计节点的环境影响评价，量化了设计节点的环境影响。最后研究提出一种基于希望树的启发式搜索算法，完成设计空间的遍历，生成环境性能最优的绿色设计方案。

4.2 绿色设计目标设定

首先需要对目标行业的绿色低碳、循环经济标准和政策，以及绿色产品认证和项目等信息开展调研，明确行业绿色价值。其次，基于产品相关环保法规要求，利用生命周期工具开展环境影响与评价，可初步确定生态设计目标及其指标。围绕产品设计要求展开分析，对设计要求细则进行排序并有效识别关键环节，以此确立生态设计目标。最终，基于公司内部新旧产品和外部竞品产品的差异，开展多生态设计方案对比与评价，实现绿色设计持续改进，确定产品设计优化方法。

4.2.1 目标 1：有害物质分析与管控

有害物质分析与管控是环境合规工作的基础，绿色设计必须满足产品国内外环保相关法规的要求，相关法规信息参见表 4-1。其中，EU RoHS 指令即 Directive 2011/65/EU 及其修订指令 Directive 2015/863/EU，其目的是降低电子电器设备中的有害物质在废弃和处理过程中对人类健康和环境安全造成的危险。指令要求十一类电子电器产品中不得含有铅、汞、镉、六价铬、多溴联苯（PBB）、多溴二苯醚（PBDE）、邻苯二甲酸二异辛酯（DEHP）、邻苯二甲酸二丁酯（DBP）、邻苯二甲酸丁苄酯（BBP）和邻苯二甲酸二异丁酯（DIBP）共十类有害物质。“不得含有”是指在均质材料中，镉的含量不得超过0.01%，其他九种有害物质含量均不得超过0.1%。EU RoHS指令在对特定有毒物质提出限制的同时，也充分考虑了技术的可行性。对于在短时间内无法实现有害物质替代或消除的一些材料给出了相应的豁免。EU RoHS指令的豁免清单中部分条款明确列出了豁免的有效期。施耐德电气常用的豁免项有6（a），6（b），6（c），7（a），7（c）-Ⅰ，7（c）-Ⅱ。对于8（b）的豁免，施耐德电气是严格禁止使用的。欧盟委员会也会根据一些评议报告，对豁免清单中的某些条款做出豁免延期或取消的决定。目前，为了应对可能存在的铅豁免到期产生的潜在风险及影响，施耐德电气已于2019年开始，在对应的产品类别中开展无金属铅豁免的替换，并已基本完成替换。对于2024年到期的零部件，提早准备切换可行性的验证，很好地避免了法规的风险。所以，企业需密切关注EU RoHS豁免相关动态，在研发、供应链管控等方面做好准备，以便应对豁免变化给企业带来的影响。

现阶段所执行的中国CN RoHS是工信部在2016年发布的《电器电子产品有害物质限制使用管理办法》，也称作中国RoHS 2.0。中国RoHS 2.0管理办法采用“两步走”的工作思路，第一步是对《管理办法》适用范围内的产品，判断流程见图4-2，仅要求声明其中的有害物质信息，即遵循标识要求标准；第二步是对落入《达标管理目录》的产品实施有害物质限量要求。2019年3月15日，工信部按照《管理办法》发布的中国RoHS 2.0《达标管理目录（第一批）》及《例外清单》正式开始实施，共12种产品。对于落入《达标管理目录》的产品需进行合格评定，合格评定包含两种方式：国推自愿性认证和企业自我声明。最后将相关的资料上报电器电子产品有害物质限制使用公共服务平台，实现数据共享。

表 4-1 产品环保合规相关法规

国家/地区	法规名称	发布机构	管控对象	要求
中国	中国《电子信息产品污染控制管理办法》RoHS	工信部	低压电子电器类产品	1. 标识要求 2. 标识+6 中有害物质限量要求（达标管理目录内产品）
	中国挥发性有机物（VoCs）标准	市场监管总局、标委会	出厂状态下的油墨、胶粘剂、涂料、清洗剂	总 VoCs 及其他易挥发性化合物限量要求
	《优先控制化学品名录》	生态环境部	使用有毒有害原料进行生产或者在生产中排放有毒有害物质的企业	1. 纳入排污许可制度管理 2. 实施清洁生产审核及信息公开制度 3. 修订国家有关强制性标准，限制在某些产品中的使用
	《关于汞的水俣公约》	生态环境部	添汞产品 使用汞或汞化合物的活动和工艺 排放或释放汞或汞化合物的活动和工艺	逐步禁止添汞产品或汞相关的工艺的生产、进出口
欧盟	欧盟《电子电气设备中限制使用某些有害物质指令》（EU RoHS）	欧盟议会和欧盟理事会	低压电子电器类产品	10 种有害物质
	欧盟《关于化学品注册、评估、许可和限制的法规》（EU REACH）	欧盟化学品监管局	配置品以及所有的物品	1. REACH 附录十七限制清单-限制 2. SVHC 候选物质清单-声明
	欧盟《持久性有机污染物法规》（PoPs（EU）2019/1021）	欧盟议会和欧盟理事会	化学品、配置品、物品	附录 1 限制清单
	欧盟《报废的电子电气设备回收指令》（EU WEEE Directive）	欧盟议会和欧盟理事会	低压电子电器类产品	标识要求
	欧盟《电池和蓄电池以及废弃电池的指令》2006/66/EC	欧盟议会和欧盟理事会	所有类型的电池和蓄电池	1. 重金属（$Hg<5\times10^{-6}$，$Cd<20\times10^{-6}$），若含 $Pd>40\times10^{-6}$，需要标识出来 2. 标识要求

欧盟	欧盟《欧盟包装材料指令》94/62/EC	欧盟议会和欧盟理事会	包装材料	Pd+Cd+Hg+Cr6+<100×10^{-6}
	瑞典电子电器产品化学税法案 SFS 2016：1067	瑞典财务部	所有 13 类电子电器产品	溴<0.1%，氯<0.1%，磷<0.1%
	欧盟生态设计指令（ErP）关于电子显示器的法规（EU）2019/2021	欧盟议会和欧盟理事会	电子显示器≥100cm^2	支架和外壳中卤素含量不得超过 0.1%，除非有证据表明卤素并非来自阻燃剂
美国	加州 65 提案（CA Prop 65）	加州环境健康危害评估办公室（OEHHA）	几乎所有消费品	1. 有害物质管控清单（900 多种） 2. 产品的可解除的部件含致癌或致生殖毒性的有害物质，需贴警示标签
	美国包装中的毒物（TPCH/CONEG 包装材料法规）	资源节约委员会	包装材料	1. Pd+Cd+Hg+Cr6+<100×10^{-6} 2. 邻苯二甲酸酯的含量应小于 100×10^{-6} 3. 不得含有全氟烷基和多氟烷基物质（PFAS）
	美国有毒物质控制法（TSCA）	美国国会	化学品、配置品、物品	根据《有毒物质控制法案》在联邦公报中发布针对五种持久性、生物累积性和毒性（PBT）化学物质的最终规则，限制这些物质的使用。这五种 PBT 物质的简要信息如下：2,4,6-三叔丁基苯酚（2,4,6-TTBP），CAS 号 732-26-3，限值 0.3%；十溴二苯醚（DecaBDE），CAS 号 163-19-5，限值禁止含有；苯酚，异丙基磷酸酯（3：1）（PIP 3：1），CAS 号 68937-41-7，限值禁止含有：五氯硫酚（PCTP），CAS 号 133-49-3，限值 1%；六氯丁二烯（HCBD），CAS 号 87-68-3，限值禁止含有

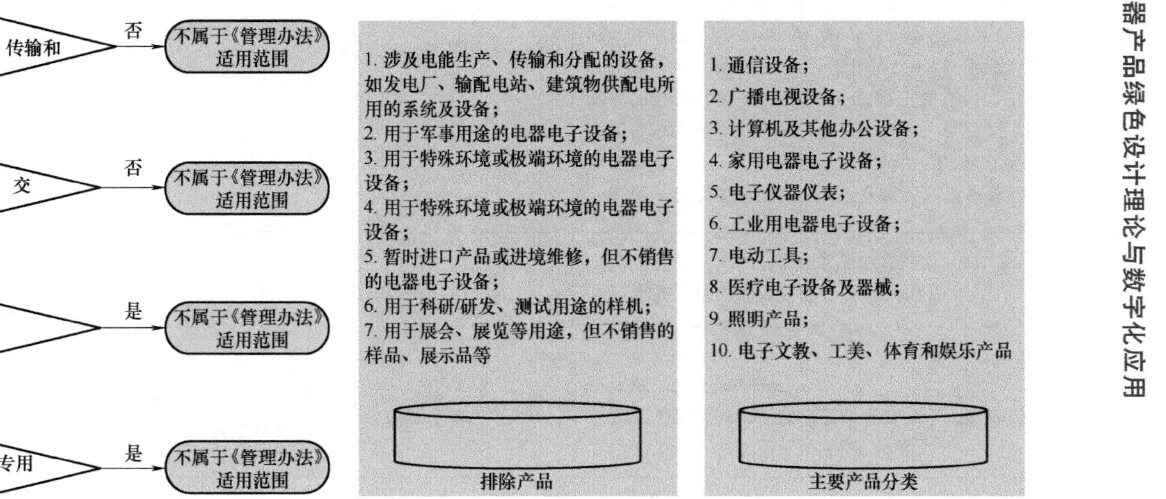

图 4-2　中国 RoHS 管控范围适用产品的判断流程

REACh 是欧盟法规《化学品注册、评估、授权和限制》的简称，于 2007 年 6 月 1 日起实施。法规旨在高度保护人体健康和环境安全，保持和提高欧盟化学工业的竞争力，增加化学品使用的透明度，实现社会可持续发展。REACh 法规是一套针对化学品的生产、贸易、使用的管理体系，使企业能够遵循同一原则生产新的化学品及其产品。REACh 法规虽然要求复杂，但对于电子电器产品的欧盟进口商及制造商来说，影响较大的是其对高度关注物质（SVHC）以及限制物质清单的要求。对于被列入 SVHC 候选清单的物质一般具有图 4-3 所示一项或多项危险特性。SVHC 一般每年更新两次，分别于 6 月和 12 月更新。截止到现在，SVHC 共有 28 批共计 233 项物质㊀。REACh 法规将 SVHC 定为授权物质，因此 SVHC 清单也被列为候选清单。SVHC 候选清单每半年更新一次（分别在每年 6 月和 12 月），若是 SVHC 超过规定阈值则必须向供应链下游或客户进行通报。阈值固定在产品的每个零部件质量的 0.1%（欧洲法院判决 C-106/14）。候选清单上的 SVHC 认证最终可以被推荐用于授权清单。一旦将 SVHC 添加到授权列表中，公司必须获得授权才能继续使用该物质。当物质进入授权清单列表将设置一个日落日期。在此日期之后，该物质禁止在没有特定授权的情况下在欧洲商业化或生产。此外，物质一旦进入限制清单，除非符合该限制的条件，否则禁止使用该物质。需要注意的是，RoHS 指令不影响

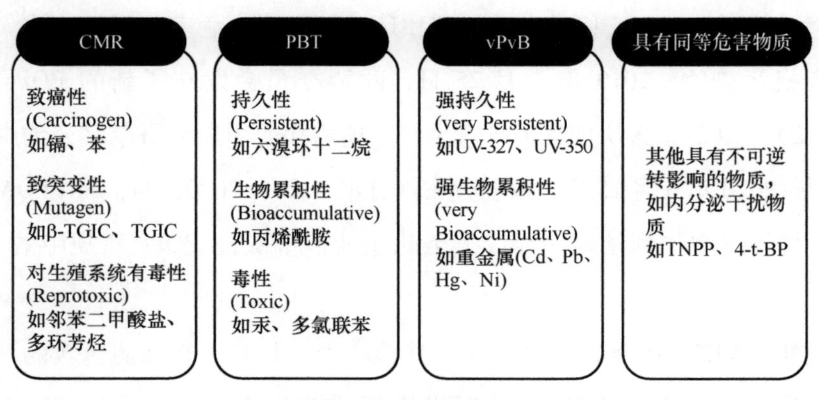

图 4-3 高度关注物质（SVHC）类别

㊀ 最新的 SVHC 候选清单可从相关网站查询获得。

REACh法规的适用，反之亦然。若出现重叠要求，则应适用较严格的要求。欧盟环境委员会在对RoHS指令的定期审查中，还会对其与REACh法规的一致性进行分析，以确保RoHS指令与REACh法规之间的一致性。每半年，施耐德电气将根据REACh法规SVHC清单的更新，对新增的风险物质可能涉及的零部件开展全面的供应商调研及评估，追溯供应链环境信息的准确性，对可能的风险物质进行分析，并根据实际情况考虑零部件的替换。

加州65号提案于1986年11月颁发，旨在保护美国加州居民及该州的饮用水水源免受已知的具有致癌、致出生缺陷或其他生殖毒性的化学物质的污染，并要求企业在产品出现该类物质时如实告知公民。目前最新加州65清单中物质已达900多种，而且还在不断地更新。对于电子产品相关企业重点对铅、邻苯二甲酸酯、双酚A和碳黑等物质比较关注[㊀]。对于产品中含有所列的化学物质，提案要求产品提供清晰合理的警告标签。在产品设计阶段，施耐德电气会评估产品是否可能涉及使消费者或工人接触（主要指表面接触）到加州65号提案指出的已知会导致癌症或生殖毒性超过阈值的化学物质，并张贴警告标识，如图4-4所示。

持久性有机污染物（Persistent Organic Pollutants，POPs）是一类具有长期残留性、生物累积性、半挥发性和高毒性，并通过各种环境介质（大气、水、生物等）能够长距离迁移对人类健康和环境具有严重危害的天然的或人工合成的有机污染物。2019年6月25日，欧盟委员会发布了新的POPs法规（EU）2019/1021，该法规禁止有意生产、销售和使用斯德哥尔摩公约中列出的物质。2020年6月15日，欧盟发布修订案（EU）2020/784，将PFOA及其盐和相关物质增加到法规附录Ⅰ，至此企业需要关注POPs法规中的27项物质[㊁]。

此外，WEEE指令2012/19/EC，其核心内容是对于在欧盟售卖的列入指令管辖范围的电子电器产品进行回收并要求生产商加贴回收标志。为促进

㊀ 具体清单列表可从相关网站查询获得。

㊁ 法规具体内容参见相关网站。

Addendum - California Proposition 65 Warning Statement for California Residents

⚠ **WARNING:** The battery in this product can expose you to chemicals including lead and lead compounds, which is known to the State of California to cause cancer and birth defects or other reproductive harm. For more information go to **www.P65Warnings.ca.gov**

See Safety Data Sheet for more information. Safety Data sheets are available at: **http://www.apc.com/us/en/who-we-are/sustainability/battery-safety/battery-compliance.jsp**

⚠ **AVERTISSEMENT:** La batterie de ce produit peut vous exposer à des agents chimiques, y compris lead and lead compounds, identifiés par l'État de Californie comme pouvant causer le cancer et des malformations congénitales ou autres troubles de l'appareil reproducteur. Pour de plus amples informations, prière de consulter **www.P65Warnings.ca.gov**

Voir la fiche de données de sécurité pour plus d'informations. Les fiches de données de sécurité sont disponibles sur: **http://www.apc.com/us/en/who-we-are/sustainability/battery-safety/battery-compliance.jsp**

⚠ **ADVERTENCIA:** La batería en este producto puede exponerle a químicos incluyendo lead and lead compounds, que es (son) conocido (s) por el Estado de California como causante (s) de cáncer y defectos de nacimiento u otros daños reproductivos. Para mayor información, visite **www.P65Warnings.ca.gov**

Ver la Hoja de datos de seguridad para más información. Las hojas de datos de seguridad están disponibles en: **http://www.apc.com/us/en/who-we-are/sustainability/battery-safety/battery-compliance.jsp**

图 4-4　加州 65 号提案警告标识

WEEE 的再使用及回收，产品设计应考虑对全生命周期的影响，鼓励电子电器设备的设计和生产充分考虑易维修、升级、再使用、拆卸和再循环等因素。电池指令 2006/66/EC 将所有电池纳入其管控范围，旨在协调各成员国关于电池、蓄电池、废电池，以及废蓄电池的管理措施，减少有害电池及蓄电池的产量，提高旧电池及蓄电池的回收、处理及循环再造率，以及向消费者提供资讯，鼓励购买较长寿和环保的电池。其对有害物质的限量要求如下：禁止生产和销售汞含量超过 0.0005%的电池或蓄电池；禁止生产和销售镉含量超过重量 0.002%

的便携电池或蓄电池（豁免产品包括医疗设备、紧急照明设备、紧急和报警系统的电池及蓄电池），应满足电池回收标识与有害物质标识要求；如果电池中汞（Hg）含量超过0.0005%，或者镉（Cd）含量超过0.002%，或者铅（Pb）含量超过0.004%，应标识相应元素的符号。需要注意的是，EU RoHS指令并不适用于各类电池及蓄电池，电子电器设备中使用的各类电池、蓄电池，在客户没有特殊要求的情况下，只需要满足电池指令要求即可。电池指令中要求所有电池及蓄电池需加贴垃圾桶标签，以表示分别回收，而WEEE指令中要求的垃圾桶标签并无限制元素的要求，且下方应有黑色宽实线或投放市场日期，如图4-5所示。

This product is an Electrical Electronic Equipment (EEE). It falls in the secope of European directive WEEE 2012/19/EU. It must be disposed on European Union markets following specific waste collection and never end up in rubbish bins

图4-5　欧盟WEEE标签

4.2.2　目标2：产品环境足迹评估与公开

在产品满足国内外法律法规要求的基础上，产品环境信息的透明性也是绿色设计产品中的另一个硬性要求。全生命周期评价（LCA）作为一个量化产品环境影响评价的方法学，应用于评价和核算产品或服务整个生命过程。在当下全球市场对量化的环境信息需求不断增强的驱动下，环境产品声明（Environmental Product Declaration，EPD）认证逐步发展起来，日益受到各国的广泛重视和认可，并日趋成为国际贸易市场上潜在的绿色壁垒。EPD也称为Ⅲ型环境声明，是基于ISO 14025:2006《环境标志和声明 Ⅲ型环境声明 原则与程序》进行的一项国际公认的量化的环境影响数据报告。EPD是以LCA为基础，披露了某一产品或某项服务从原材料获取、生产、运输、消费，以及最终的报废处理整个生命周期过程中对不可再生资源、生态系统、人体健康等方面的环境影响。一般来说，EPD项目中发布EPD报告的流程大致分为五步：选择合适的产品类别规则（Product Category Rules，PCR）、产品生命周期评价、EPD编写、EPD 验证、EPD 注册和发布。

EPD 报告的发布使产品生态设计、绿色采购得到了强有力的支持。EPD 的认证结果可以作为参考因素纳入生态设计环节中，可以直接作为生态设计依据，为生态设计中材料选择提供数据支持。最早的 EPD 系统由瑞典环境保护局（SEPA）创建管理，瑞典 EPD 系统是运行时间最长的国际 EPD 系统。在多个国家存在有 International EPD 授权独立的 EPD 系统。除此之外，目前各个国家/地区或行业也都衍生出来各种 EPD 项目，见表 4-2。对于电子电器行业来说，鲜有 EPD 项目发布有关电子电器产品的 PCR。

表 4-2　各个国家/地区或行业的 EPD 项目列表

环境产品声明项目	成员	国家/地区	行业分类
国际 EPD 系统	瑞典国际 EPD	欧洲（瑞典）	建筑、金属、食品、汽车
UL 环境	UL 环境	北美（美国）	建筑、金属、木材、电线
德国	德国环保署	欧洲（德国）	建筑、基础材料
日本产业环境管理协会 CFP 项目	日本产业环境管理协会	亚洲（日本）	无
韩国环境产业技术研究院产品环境申明	韩国环境产业技术研究院	亚洲（韩国）	无
美国全球科学认证体系	翠鸟认证	北美（美国）	无
BRE 环境产品声明认证计划	BRE 国际	欧洲（英国）	无
SM 透明报告计划	项目运营商联盟	北美（美国）	不详
ASTM 国际环境产品声明计划	ASTM 国际	北美（美国）	建筑、木材
NSF 国际环境产品声明计划	NSF 国际	北美（美国）	基础材料
EPD 中国	EPD 中国	中国	建筑
EPD 挪威	EPD 挪威	欧洲（挪威）	建筑
环境产品声明发展项目-全球绿色标签	绿色标签	美国和澳大利亚	建筑、基础材料

PEP Ecopassport 全称 Product Environmental Profile Ecopassport（产品环境概况生态护照），其提供环境建模领域的科学技术研究和数据分析，是针对电

气和电子行业，以及供暖、通风、空调、制冷（HVACR——Heating，Ventilation and Air Conditioning，Refrigeration）等行业产品和技术对环境影响的声明和认证。它是产品的环保通行证，也是作为加入国际环保认证的生态宣言，是指产品所有的零件都可以拆分开并确认可循环的环保认证。目前产品通过 PEP Ecopassport 认证标准已成为一种国际趋势。PEP Ecopassport 是由 P. E. P 协会开展的生态环保认证。P. E. P 协会在 2006 年建立根基，2009 年正式成立，并在 2010 年成功举办了第一次会议，选举出了项目指导委员会和总秘书处成员。2011 年该项目中首个 PEP 报告正式在网站上开放注册，此后便开始了大批相关产品的环境信息申报工作。2016 年，PEP Ecopassport 开始修订并成功发布了 PCR ed3 版本的产品种类规则，随后在 2022 年 5 月份将 PCR ed3 更新为 PCR ed4 并成功发布。需要注意的是，纵观全球范围内众多的 EPD 项目，目前针对电子电器产品开发有成熟的且可使用的 PCR 规则的项目只有 PEP Ecopassport 项目。施耐德电气产品环境概貌 EPD 文件案例封面如图 4-6 所示。

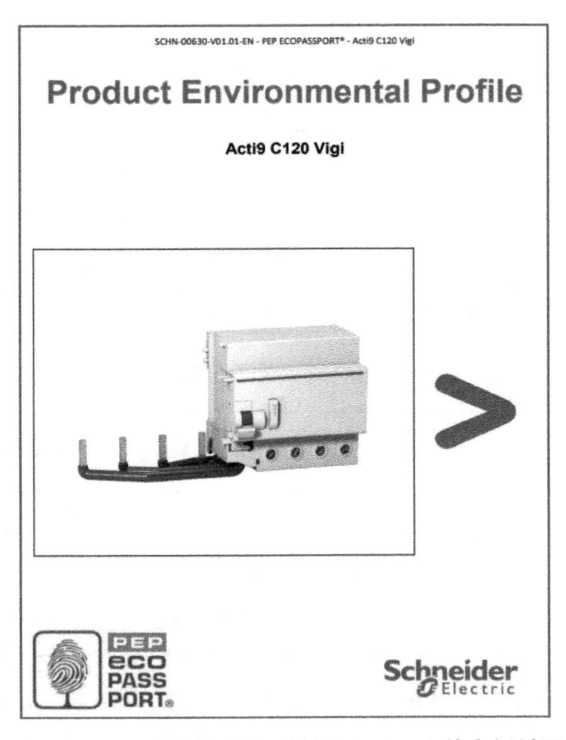

图 4-6　施耐德电气产品环境概貌 EPD 文件案例封面

4.2.3　针对行业需求的绿色设计目标

产品的生态设计在满足了基础的环保合规性和透明性以外，需要充分考虑目标行业和客户的要求，更有针对性的突出产品绿色亮点。产品应用在不同行业里面的绿色需求，主要关注点除了材料的有害物质以外，还包括目前越来越多的绿色低碳和循环经济的相关标准和政策，以及行业里面的特殊认证需求，并细化落实在产品层面。在产品设计前端提高对绿色需求的充分识别，有助于绿色设计理念的有效融合，以及在产品层面的实施落地。首先，围绕产品涉及行业开展绿色价值调研，确认行业绿色低碳和循环经济相关标准和政策，以及绿色产品认证和项目等信息。同时，基于产品环保法规要求，利用全生命周期评价等工具开展产品环境效益预评价，明确绿色设计目标及其定性和定量指标。基于产品环境评价结果，工程师可以有效分析和排序绿色设计要求、识别关键环节，最终完成绿色设计目标的确定。面向产品绿色设计目标，工程师首先提出一系列初步设计方案，分别展开评价和分析后确定最优解决方案。以建筑行业为例，为达到整体建筑的不同绿色认证要求，对所使用的建筑产品可提出具体要求见表 4-3。基于能源效率、碳排放、材料使用等要素，各国分别制定了绿色建筑的节能指标、材料与资源指标，明确了绿色建筑认证要求。除建筑行业外，应用行业如数据中心、铁路和船舶行业等均针对其采购和使用的产品有不同的绿色低碳要求，具体请见表 4-4。

表 4-3　建筑行业各类绿色认证要求

绿建认证	节能指标	材料与资源指标	产品绿色标签
美国 LEED	• 建筑整体能源计量 • 能源效率优化	• 建筑产品分析公示和优化（材料） • 原料的来源和采购	cradletocradle　Declare.　BYGGVARU BEDÖMNINGEN
英国 BREEAM	• 降低能耗和碳排放 • 能源计量	• 产品环境友好性声明 • 材料来源与材料效率	SundaHus　cradletocradle
中国 GBL	• 节能型电气设备及控制措施	/	/
澳大利亚 Green Star	• 减少电力能源消耗 • 减少温室气体排放	• 可持续采购以及废物管理 • 材料选择，循环使用	/

（续）

绿建认证	节能指标	材料与资源指标	产品绿色标签
加拿大 SB Tool	• 优化和维护环境运行性能	• 材料使用	/
美国 WELL	/	• 基本材料预防 • 危险材料消减 • 材料透明度	

表 4-4　常见行业的绿色设计产品要求

目标行业	指标要求	名称	生态设计要点
数据中心	能耗	《数据中心能效限定值及能效等级》GB 40879—2021	能耗等级
	绿色设计产品，能耗	工业和信息化部关于印发《新型数据中心发展三年行动计划（2021~2023 年）》	1. 加快先进绿色技术产品应用； 2. 优化绿色管理能力（绿色设计）
	能耗，物质限用	绿色数据中心先进适用技术和产品	绿色数据中心先进适用技术和产品名录
建筑	能效	《绿色建筑和绿色建材政府采购基本要求（试行）》	1. 室内照明用 LED 产品和室外照明用 LED 投光灯； 2. 高低压配电柜（板）； 3. 密集绝缘母线槽
	材料利用率	《绿色建筑评价标准》GB/T 50378	1. 耐久性、长寿命、易于拆换更新和升级（针对建材，目前无电子电器产品）； 2.《建筑照明设计标准》； 3. 家电控制，照明控制； 4. 可循环材料，可再利用材料（绿色建材）
	能效，有害物质	《绿色工业建筑评价标准》GB/T 50878	1. 配电变压器和电力变压器的能效需达到国家相关标准； 2.《建筑照明设计标准》； 3. 使用的建筑材料和产品的性能参数与有害物质的限量应符合国家现行有关标准的规定； 4. 建筑整体的废水，废气，固废及末端处理前水污染物指标应符合或优于清洁生产国家现行标准
	节能	《公共建筑节能设计标准》GB 50189—2015	1. 供配电系统，变压器，大型用电设备，照明系统有相应的节能标准要求； 2. 新建及既有建筑改造的公共建筑

（续）

目标行业	指标要求	名称	生态设计要点
建筑	节能，碳排放	《建筑节能与可再生能源利用通用规范》GB 55015—2021	1. 全文强制，必须严格执行； 2. 新建居住建筑和公共建筑平均设计能耗水平应在2016年执行的节能设计标准的基础上分别降低40%； 3. 建筑碳排放计算作为强制要求，新建居住建筑和公共建筑碳排放强度应分别在2016年执行的节能设计标准的基础上平均降低40%，碳排放强度平均降低7kgCO_2/(m^2·a)以上； 4. 暖通空调系统效率和照明要求全面提升
铁路	有害物质	轨道交通装备产品禁用和限用物质 Q/CRRC J 26—2018	有害物质的禁限用
		机车车辆非金属材料及室内空气质量有害物质限量 TB/T 3139	有害物质 &TVOC
		欧洲铁路行业协会 UNIFE 限制物质清单使用手册	REACh 法规、RoHS 指令、ELV 指令、POPs 指令、ODS 指令，以及电池指令
船舶	有害物质	船舶安全与环境无害化回收再利用香港国际公约	有害物质清单（附录1），随船附带
		欧盟（EU）1257/2013 船舶回收法规	有害物质清单（附录1&2&3），随船附带
		船舶有害物质清单编制及检验指南	1. 香港船舶公约； 2. 欧盟 EU 1257/2013； 3. 可申请绿色护照

4.3 绿色设计方法识别

施耐德电气围绕产品层级和包装层级开展绿色设计。产品绿色设计包含三个维度，分别为资源高效型设计、健康安全型设计和节能增效型设计（见图4-7）。资源高效型设计分为节材型设计和循环型设计两大类，节材型设计关注材料减量化和可再生材料的使用，以及减少不可再生材料的使用量，循环型设计则通过延长产品使用寿命和促进材料可回收再利用等方式提升资源使用效率；健康安全型设计通过禁止使用各类有毒有害物质，避免产品对人体健康的影响；节能增效型设计通过优化产品能耗等方式提升能源使用效率。可持续包装设计通过包装设计优化、环保包装材料选择等方式得以实现。此外，绿色设计是多流程、跨部门的业务协作过程，因此本文制订了绿色设计要素与业务流程关联表（见表 4-5）。横向基于企业业务部门展开，产品的绿色设计依赖于跨部门协作，应根据不同业务部门的工作内容，结合产品全生命周期的环境影响，开展有针对性的绿色设计；纵向基于绿色设计要素点，分别涵盖产品材料选择、结构设计、生产工艺，以及绿色包装设计等方向，应根据不同标准中绿色指标参数的要求，开展具有针对性的设计。

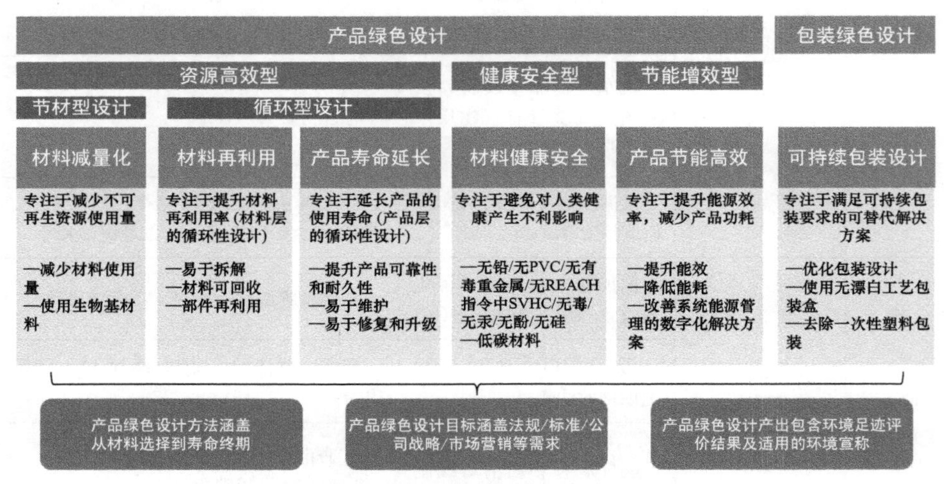

图 4-7　施耐德电气绿色产品三类设计方向维度

表 4-5　绿色设计要素与业务流程关联表

绿色要素点	企业业务部门					
	研发	采购	生产	物流仓储	维修	回收
面向产品的绿色设计						
1.1 绿色设计的材料选择						
1.1.1 健康安全型材料，减少有毒有害物质/原材料	√	√				√
1.1.2 资源高效型材料，减少不可再生材料的使用	√	√				√

（续）

绿色要素点	企业业务部门					
	研发	采购	生产	物流仓储	维修	回收
1.1.3 低碳型材料，使用低碳排放因子材料	√	√				
1.1.4 环境友好型材料，减少环境足迹	√	√				
1.2 面向清洁生产的绿色设计						
1.2.1 健康安全型指标，通过设计减少加工过程有害添加剂的使用			√			
1.2.2 资源和能源高效型指标，通过设计减少资源和能源的消耗			√			
1.2.3 环境友好型指标，通过设计减少产品加工过程中的水、气、渣等污染物排放			√			
1.3 面向使用的绿色设计						
1.3.1 资源高效型指标，产品耐久性	√					
1.3.2 资源高效型指标，产品可修复性	√				√	
1.3.3 低碳型指标，节能增效	√					
1.4 面向寿命终期的绿色设计						
1.4.1 资源高效型指标，易于回收	√					√
1.4.2 资源高效型指标，易于再利用	√					√
1.4.3 资源高效型指标，易于拆解	√					√
面向包装的绿色设计						
2.1 绿色包装材料选择	√	√		√		
2.2 绿色包装结构设计	√			√		

4.3.1 绿色设计的材料选择

面向材料的绿色设计是以材料为对象，以材料的有效利用及其对环境的影响作为控制目标，在实现产品功能要求的同时，减少由其引发的环境污染和资源、能源消耗。面向材料的绿色设计应综合考量产品材料的适用条件，在满足产品使用性能的前提下，兼顾与环境的协调性。

4.3.1.1 健康安全型材料，减少有毒有害物质/原材料

鼓励选用健康安全型材料，减少或禁止有毒有害物质/原材料的使用，选

用绿色低碳材料，降低生命周期内对环境的影响，减少对环境和人体健康的负面影响。例如，在电子电器产品中，传统的卤素阻燃材料（如溴化物和氯化物）可能释放有毒有害的卤素化合物。许多公司开始采用无卤素阻燃材料（如无卤素阻燃聚合物），以替代传统的卤素阻燃材料减少对环境和健康的潜在危害；或是在产品中使用低挥发性有机化合物（VOC）材料，减少挥发性有机物的释放；或是转向使用无铅电子组件，以减少有毒有害物质的使用，同时确保产品材料的再利用特性。施耐德电气主张的产品健康安全性表现的践行方案见表 4-6。在企业生态设计过程中需要确定产品所处细分行业的健康安全标准和特殊要求，并根据其要求或限制进行材料的选择和更换。例如，某产品在轨道交通行业需满足无卤材料的要求，在项目初期设计工程师识别出含卤素阻燃的零件，及时进行替换，从而达到产品无卤要求，如图 4-8 所示。

表 4-6　施耐德电气产品健康安全性表现践行方案

<table>
<tr><td rowspan="10">健康安全性表现</td><td>不含有毒重金属或有毒重金属在同质材料中占比不超过标准中阈值要求</td></tr>
<tr><td>不含有铅或铅在同质材料中占比不超过 0.1%</td></tr>
<tr><td>不含有 REACh 高关注度物质或零部件中高关注度物质占比不超过 0.1%</td></tr>
<tr><td>无卤材料应用或卤素在塑料件、电线，以及产品中占比不超过标准中阈值要求</td></tr>
<tr><td>欧盟 RoHS 豁免信息披露</td></tr>
<tr><td>不含有酚醛树脂或酚醛树脂在零部件中占比不超过 0.1%</td></tr>
<tr><td>不含有 PVC 或者 PVC 在零部件中占比不超过 0.1%</td></tr>
<tr><td>不含有硅聚合物或在零部件中占比不超过 0.1%</td></tr>
<tr><td>不含有汞或在零部件中占比不超过 0.1%</td></tr>
<tr><td>不含有任何对健康有害的物质或零部件中相应物质占比：CMR<0.1%&ED<0.1%& 有毒重金属<0.1%& 高关注度物质<0.1%</td></tr>
</table>

4.3.1.2　资源高效型材料，减少不可再生材料的使用

资源高效型材料是一种以循环经济理念为基础的材料设计和生产方式，旨在实现材料、产品和价值的循环性改善。这种方法从产品与服务的循环性角度出发，注重提高材料的循环利用次数、延长材料的使用寿命，以及增加产品的循环利用和改造能力，从而减少资源消耗、减少废弃物产生，并延长整个产品系统的生命周期。

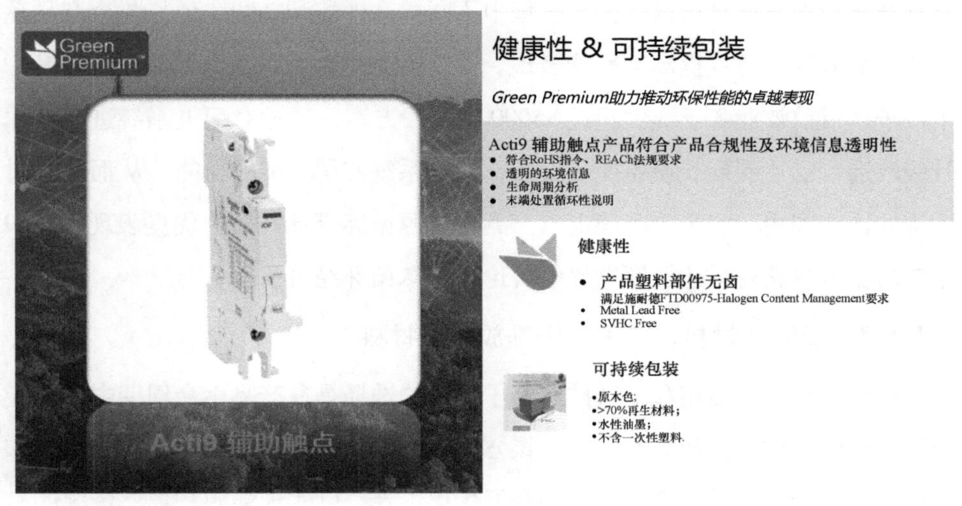

备注：在生态设计的过程中，首先确定产品的应用行业，其次查询细分行业的一些特殊要求，发现其应用的轨道交通行业有无卤的限制，在项目初期，识别出含卤素阻燃的零部件，进行切换，从而达到产品无卤。

图 4-8　环境友好型设计中卤素替代案例

从材料的循环性角度出发，资源高效型材料的目标是增加材料本身的循环利用次数。这可以通过提高包装材料的回收再利用率、增加可循环塑料的使用量等方式实现。通过将材料纳入循环供应链建设体系，使用负责任采购的循环利用和可回收再生材料，可以尽可能提高材料的利用率，减少材料用量，并鼓励从退役废旧产品中集中回收和再利用废弃的原材料。其中，负责任采购是指企业将社会责任的理念和要求全面融入采购全过程中，以保证企业所采购的产品和服务是饱含“责任”的，同时也确保企业的采购交易行为是负责的。

产品的循环性主要通过产品自身的模块化设计来实现。这种设计方式使得产品在部分零部件寿命终止时可以仅替换其中部分模块，从而延续产品的生命周期，增长产品的使用寿命。通过模块化设计，产品可以更容易进行维修、升级和改造，降低资源消耗、减少废弃物的产生，同时提高产品系统功能的稳定性和可持续改造性。

价值的循环性侧重于产品系统功能的稳定性和可持续改造性。通过设计优化和技术改造，产品可以在使用过程中不断提升性能和功能，延长整个产品系统的寿命周期并持续提高其性能表现。施耐德电气独有的 ECOFIT 业务就是一个例子，目前该业务已提供超过 85000 个阶段方案，通过对配电系统进行整体升级改造，已达到延长设备使用寿命，扩充系统使用功能的目的，从而获得对资源的再生利用。鉴于施耐德电气产品在资源循环设计方面的优良表现，2019 年施耐德电气获得了达沃斯世界经济论坛全球循环经济奖。

4.3.1.3 低碳型材料，使用低碳排放因子材料

低碳型材料的使用和低碳排放因子材料的选择是在产品生命周期中减少能源消耗和碳排放的重要策略之一。该方法从设计的角度出发，优化产品结构和材料选择，特别是针对高能耗产品开展优化设计，以实现能源和自然资源的有效利用，减少二氧化碳排放。在材料的选择上，可以考虑使用具有低碳排放因子的材料。这些材料在其生产和加工过程中采用清洁能源，如太阳能、风能、水能和地热能，从而降低环境影响和碳排放。在产品设计方面，可以通过优化结构和采用高效能源管理系统来降低能源消耗。例如，采用高效保温材料或隔热材料，可以提高产品能效，降低能源消耗和碳排放量。基于轻质、高强度和高刚度的材料特点，碳纤维材料在制造领域的使用可部分替代传统的金属材料，从而实现产品重量减轻，降低燃料消耗和碳排放的目标。施耐德电气的一体化 EcoStruxure 微电网和 EcoStruxure 楼宇解决方案可提供高效能源管理和控制，帮助实现能效提升和碳中和目标。此外，采用高性能绝缘材料替代传统的绝缘材料，绿色中压开关柜采用环保无六氟化硫绝缘材料有效减少了温室气体排放，为客户提供了一种环保的选择。

4.3.1.4 环境友好型材料，减少环境足迹和人体健康风险

产品绿色设计的选材过程中应考虑环境友好和人体健康风险的因素，选择环境友好型材料可以减少环境足迹和对人体健康的潜在风险。在选材的过程中必须考虑材料使用对水体、大气和土壤等环境因素的影响，以减少材料生命周期过程中产出的环境污染。选材时需考虑材料的使用可能对人体产生的影响，

包括其腐蚀性、毒性、辐射强度等。例如电子电器产品外观材料选择 ABS，可通过注塑直接达到外观要求，减少喷涂工艺及其消耗的能源和产生的污染。由可再生资源制成的生物基材料，如生物塑料（例如聚乳酸、淀粉基塑料）、天然纤维（例如竹纤维、棉纤维）等，其在生产和降解过程中对环境影响较小，能够减少对非可再生资源的依赖。可降解材料在一定的环境条件下能够自然降解，也减少了对环境的污染和资源的消耗。例如，可降解塑料在一定的温度和湿度条件下会分解成无害的物质。碳中和材料是指在其生产和使用过程中吸收或抵消相当于其碳排放量的二氧化碳。例如，某些建筑材料中含有大量的二氧化碳，可以将二氧化碳长期地封存在建筑材料中，从而减少大气中的二氧化碳含量。此外，水性涂料在使用时减少了溶剂的使用量，同时减少了挥发有机化合物的排放。因此，相比传统的溶剂型涂料，水性涂料含有较低的挥发性有机化合物，对环境污染和人体健康风险更小。

4.3.2 面向清洁生产的绿色设计

生产制造过程是实现从原材料到产品的必经阶段，与资源、能源消耗，以及污染物排放有直接关联。因此，产品绿色设计应当充分考虑工厂加工及组装过程中的资源使用和环境影响，并考虑如何在设计源头通过材料选择和结构设计来进行改进。

4.3.2.1 健康安全型指标，包括加工过程添加剂的使用

对于有毒有害物质和原材料，欧盟《关于限制在电子电气设备中使用某些有害成分的指令》，即 RoHS 指令规定从 2006 年 7 月 1 日起在新投放欧盟市场的电子电气设备产品中，限制使用铅、汞、镉、六价铬、多溴联苯（PBB）和多溴二苯醚（PBDE）共六种有害物质。该指令引发众多电子电气产品从材料、工艺到设备的整个生态系统重新被设计。产品制造商必须确保其产品不超出指定的限制值，促使制造商采用无铅的镜头、无铅的焊料，并在复印机和打印机中使用不含六价铬的钢板和螺钉等替代材料。确保加工过程中使用的添加剂符合相关的化学品法规也是非常重要的。某些物料，如胶黏剂和润滑油，可

能不会出现在产品物料清单中，但它们仍然可能对产品的健康和安全性产生影响。因此，在有害物质评估和分析时，需要综合考虑这些添加剂的使用情况，并确保它们符合相应的化学品法规的要求。

如果发现添加剂存在超标情况，应及时采取替代和更换措施，以确保产品的安全性并保证其符合相关法规的要求。这些举措有助于减少有害物质对人类健康和环境的潜在风险，提高产品的健康安全性水平。同时，它们也推动了产业的技术创新和发展，促使更加环保、健康的材料和工艺的应用。

4.3.2.2 资源和能源高效型指标

资源和能源高效型指标是评估产品或系统在资源和能源利用方面的效率和可持续性的重要指标。资源和能源的合理利用不仅可以直接降低生产成本，还可以减少废物的产生和排放。能源利用率可用来衡量产品或系统在生产过程中所使用的能源与所产出的产品或服务的比例，提高能源利用率可以减少能源消耗和排放。通过产品多功能设计和模块化设计，可以减少实现相同功能的产品数量和类型，有效降低生产加工过程中的资源投入和能源使用，减少环境污染。多功能设计方法是指通过集成多种功能到一个产品模块或者产品，减少生产过程中独立模块或产品所需要的资源和能源消耗。例如，戴森的空气净化扇在设计上将风扇、空气净化器、加湿器和除湿器等功能集合到一起，实现了能源高效。模块化设计是一种设计策略，将产品分解为独立的、可以互换的部件或模块。模块化设计方法根据一系列特定范围内的产品功能、性能或规格等参数分析，设计出一套独立的功能模块。通过适当选取和组合相关模块，实现不同需求的定制产品，满足多样化的产品需求。利用产品功能和结构相似性原理，实现了生产过程标准化和多样化的有效结合，为多品种小批量生产提供高效率且低消耗的解决方案。因此，基于多功能设计和模块化设计的灵活性和可扩展性，减少了生产多个、单一功能产品所需的能源和资源，促进原材料最大限度地合理使用。

4.3.2.3 环境友好型指标，关注产品加工过程中的水、气、渣等污染物排放

产品绿色设计环节应充分考虑加工过程中可能产生的副产品和污染物排放

（例如废水、废气和废渣等）。产品生产加工工艺方法与产品材料组成和结构设计息息相关。工程师应充分考虑到选材和结构引发的特定工艺造成的污染物排放，可选择和使用低污染性的原材料和化学品等，通过优化材料配比或调整使用量，减少加工过程中污染物的产生以及对废料处理的需求。例如，鼓励生产工艺选择可再生材料、无毒的替代品、低挥发性有机溶剂等物质，以减少加工过程中的有害物质释放。通过优化产品材料的选择和配比，减少材料浪费和废料产生，在确保加工过程中材料使用量尽可能减少的同时仍能满足产品质量和性能的要求。面向在加工过程中必须使用的特定化学物质，应采用低浓度的化学品溶液、高效的催化剂和处理剂等，有效降低污染物排放、减少废水和废渣中可能存在的有害物质的浓度。此外，在产品设计阶段应考虑可能存在的污染物排放风险，通过模块化设计等方式将包含有毒有害物质的零部件集中到某一模块，方便后续报废回收过程中的分离和安全处置，以防止对环境和人类健康的负面影响。

4.3.3 面向使用的绿色设计

4.3.3.1 资源高效型指标，产品耐久性

产品耐久性属于产品通用质量的关键组成部分，与产品使用寿命紧密关联。在耐久性设计过程中，应注重材料的选择，尽量避免使用应力集中的材料、抗腐蚀性差的材料。同时，设计过程需注重产品结构细节的变化，例如，结构剖面面积的梯度过渡尺寸合理，有适当的过渡圆角；结构设计尽量对称，以避免偏心载荷；在铝合金孔内，需要有其他零部件或标准件这些有滑动关系的地方压接衬套；结构高应力区不要打孔并适当加厚等。此外，相关零部件做好腐蚀防护措施，例如，通过底漆和面漆等方式保护铝合金等零件表面。产品由零部件组成，产品的使用功能需依靠零部件之间的协同工作。任何一个零部件因为某些原因的失效都可能造成产品部分或全部功能的丧失，因此产品零部件的耐久性对产品寿命有重要影响。通过对产品功能的分析，可采用先进的设计理论和工艺保证产品在较长的服役周期内满足用户使用要求。在此过程中，

需要对于产品零部件的承载情况与各种力学性能进行分析，对各类失效机理进行挖掘。即使产品出现了故障，也应基于易维修的准则，在满足产品功能和性能的前提下，尽量采用简单的结构和外形，实现零部件的通用性和互换性，充分考虑故障检测诊断的方便性和安全性。此外，基于均衡寿命原则，通过选择合理的零部件材料、采用合理的机构设计和工艺方法等措施，保证产品的零部件之间或产品不同结构模块具有相同的或者倍数的寿命。

施耐德电气在产品生态设计方面提出的耐久性设计要求，主要是为了确保产品在规定条件下能够长期有效运行，并在性能方面超过市场平均水平。具体流程如下：

1）确定产品耐久性目标：根据市场调研、技术标准和客户需求，确定产品在规定使用、维护和维修条件下的耐久性目标，目标值应至少比市场平均值高出 5%。

2）环境和运行情况定义：明确产品在使用过程中的环境条件和运行情况，如温度、湿度等因素，以便对产品进行合适的耐久性评估。

3）功能分析：选择代表性的产品进行功能分析，包括主要功能、辅助功能，以及一次、二次、三次功能等。通过分析产品的功能，确定可能对耐久性产生影响的关键点。

4）其他信息考虑：考虑客户经验值、可用的测试结果，以及当地法规要求等因素，对产品的耐久性进行综合评估。

5）可靠性研究/分析：进行可靠性研究和分析，包括失效分析、失效模型、失效点和失效率等。通过这些分析方法，识别潜在的故障模式和可靠性问题。

6）耐久性试验验证：进行耐久性试验验证，以验证产品在规定条件下的耐久性能力。这些试验可能包括长时间运行试验、循环次数试验等，以评估产品的耐久性能力。

7）耐久性验证文件审核：对耐久性验证文件进行审核，确保评估过程的准确性和可靠性，并确保产品满足相关标准和要求。

通过该评估流程，施耐德电气能够设计出耐久性更好的产品，提供更可靠和持久的解决方案，以满足客户的需求并促进可持续发展。

4.3.3.2 资源高效型指标，产品可修复性

通常情况下，尽管产品性能足够可靠，仍有发生故障的可能，因此必须确保产品尽可能易于维修；通过维修延长产品寿命，赋予产品二次生命，以减少环境影响。可修复性是指产品中能够获取、移除或更换零部件、消耗品或组件，以促进产品的维修、再利用或升级，并提高产品的维修、重复使用和升级能力的潜力。以下是对可修复性进行评估的五个维度：

1）技术文档的可用性：评估制造商是否承诺向维修人员和消费者免费提供维修相关的技术文件。这些技术文件包括维修手册、维修指南、技术绘图等，对于维修人员来说，这些文件的可用性对于有效地进行维修操作非常重要。

2）拆卸、工具和紧固件：评估产品的拆卸难度、所需工具的类型，以及紧固件的特性。易于拆卸和使用常见工具进行维修的产品，以及使用常见紧固件的产品，通常具有较高的可修复性。

3）备件的可用性：评估制造商是否承诺提供产品备件，并评估其提供备件的时间长短，以及备件交付的时间。如果备件容易获得并且供应链高效，产品的维修过程将更加顺利。

4）备件的价格：评估备件的销售价格与产品价格的比率。如果备件的价格相对合理，消费者在维修产品时将更愿意购买备件，从而延长产品的使用寿命。

5）产品特定标准：根据产品类别的具体子标准来评估产品的可修复性，这可能包括远程支持的可用性、软件更新和重置等。

通过对以上五个维度的评估，可对产品的可修复性水平进行定性和定量的确定。易于维修的产品具有更长的寿命，这样减少了资源的浪费，同时减少了对环境的负面影响。欧盟委员会 2022 年 3 月发布的《可持续产品生态设计法规》（ESPR）草案，通过设定产品投放市场或投入使用时应满足的生态设计要求，旨在建立一个提高产品环境可持续性和确保其在内部市场自由流动的框

架方案。2020 年 2 月法国出台了第 2020-105 号循环经济与反浪费法，旨在减少一次性产品的使用，促进循环经济的发展。该法规的条款将分阶段生效，以期达到在 2025 年实现 100%塑料制品的回收；2030 年人均生活垃圾减少 15%，经济活动垃圾减少 5%；以及到 2040 年彻底消除一次性塑料包装的使用。此外，EN 45554—2020 标准围绕与能源有关的产品修理、再利用和升级能力的一般评估方法，定义了与评估修理和再利用产品能力相关的参数和方法，升级产品（不包括再制造）的能力，从产品中获取或移除某些零部件、消耗品或组件以便于修理的能力，重用或升级，最后通过定义可重用性索引或标准。施耐德电气基于法国的反浪费法案和欧盟的可持续产品生态设计指令，参考 EN 45554—2020 标准开发了产品可维修性指数工具，用于评估施耐德电气产品的易于维修性（见图 4-9）。

图 4-9　施耐德电气可修复性指数

4.3.3.3　低碳型指标，节能降耗减少碳足迹

节能设计旨在提高产品能源效率，即提高有效利用能源在能源总量中的占比。通过增加或优化附加装置，使用添加剂等方式可以改变产品原理和结构，从而提高产品的能源利用效率。现实工程应用中，产品门类众多，且各类产品消耗的能源种类、耗能结构与原理也不尽相同。通过优化产品结构、使用节能配件和控制技术等措施，可以实现节能目标，减少能源消耗，降低对环境的影

响。因此，本文主要围绕典型产品开展节能设计的讨论，包括通用的设计原理和策略。

以电子电器产品为例，它们是社会能源消耗的主要来源，我国 21 大类机电产品的能耗占全国总能耗的 70%，家电产品的耗电量占全国总用电量的 15%。因此，电子电器产品在使用阶段具有巨大的节能潜力。在信息与通信产品（如计算机、手机和电视机）方面，节能设计可以从硬件和软件两个维度进行。硬件节能可以通过采用高性能的节能配件、设计低待机功耗等方式来实现。此外，通过动态电源管理、预测技术和动态电压频率调节等方法，可以实现模块和系统级别的节能设计。对于家用电器产品，从宏观角度来看，可以优化能耗系统，提高产品整体能耗调节和性能优化。从微观角度来看，可以采用先进的控制技术（如变频控制、智能算法等），或者优化改进部分零部件的参数指标（如温度、流量、换热效率等）。施耐德电气研发设计的 GVS 系列不间断电源（UPS）是一款采用高密度技术的设计紧凑型产品，占用空间更小，重量更轻，凭借获得专利的 E 变换模式，实现高达 99% 的能效，有效节省能源成本、减少每年的电费支出，同时大幅降低了产品使用阶段的碳足迹。产品不同设计版本的用电效率数据如图 4-10 所示。

三年以内节省的电费支出就已经与UPS的购置成本持平

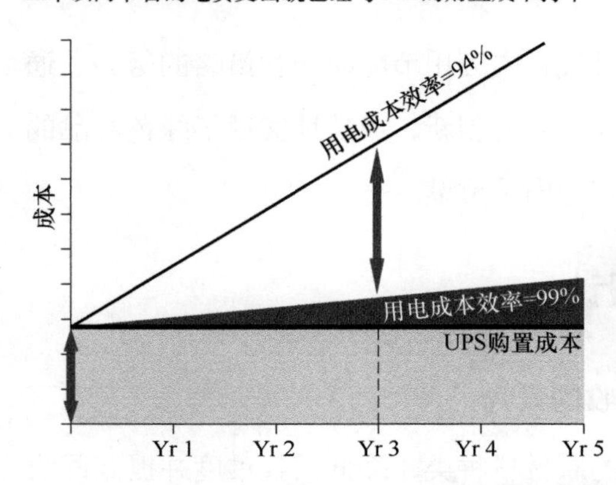

100kW下的比较结果		
	效率	每年节省电力成本
E变换	99%	47000元
双变换	97%	29000元
原有设计	94%	0元

图 4-10　GVS 系列不间断电源用电成本效率对比

此外，施耐德电气研发的抽屉式空气断路器实现了节能设计的技术创新和产品优化。该抽架的内部梳状夹头采用多片全镀银载流片，这种设计有助于增强导电性能，减少电流流通时的趋肤效应。同时，弹性叠压结构确保电接触压力一直稳定在正常水平，从而提高了可靠性。夹头采用垂直布置，并在抽架后部设置了专用散热通道，增强了空气对流的热交换能力，有助于优化抽架的发热和散热，从而降低了抽架的运行功耗。另外，主接线镀银端子采用异形设计，确保其与母线连接时始终处于最佳搭接深度。根据电接触理论，该产品科学合理地设置了螺栓孔数量和孔径，以最大限度地增加有效导电面积。以4000A 抽架为例（见图 4-11），借助上述专利设计和独特工艺，可有效地管理并优化抽架的发热和散热过程。该优化设计可降低 30%的抽架的正常运行功耗，减少能源消耗并降低碳排放量。

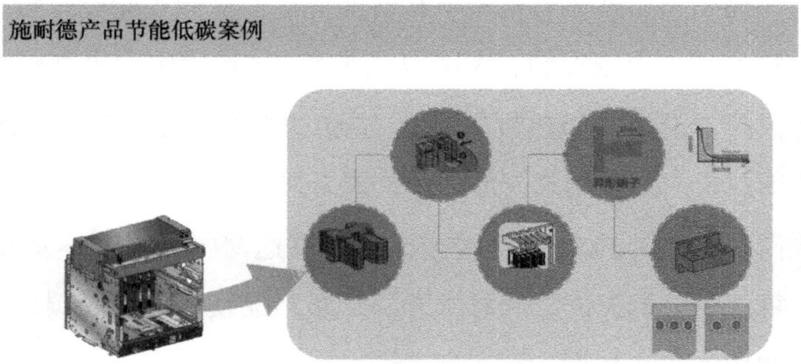

施耐德产品节能低碳案例

图 4-11　抽屉式空气断路器的节能低碳设计案例

以上案例展示了施耐德电气在产品设计中应用节能原理和策略的努力。通过优化内部结构、材料选择和热管理等方面的创新，成功地实现了绿色产品的节能目标，为减少能源消耗和环境影响做出了贡献。

4.3.4　面向寿命终期的绿色设计

4.3.4.1　资源高效型指标，易于回收的设计

面向回收设计旨在减少构成产品的原材料种类，降低回收难度并提高回收效率。在设计阶段，评估所使用材料的回收利用潜力。根据材料的可回收性进行优先级排序：可直接回收利用的材料优先，其次是需要产生能源消耗以进行回收利用的材料，最后是无法回收利用的材料。对于外购的零部件，也要考虑其

材料组成是否具有可回收利用性。在生产制造过程中，尽量使用单一材料设计零部件。如果需要使用多种材料，需要考虑这些材料之间是否容易分离，分离的难度以及分离过程中的能耗。优先选择易于分离且分离过程中能耗较低的材料。通过标准化材料和连接方式，可以简化产品的拆解和分离过程，提高回收效率。同时在产品上标识和标记使用的材料，有助于回收过程中的材料识别和分离。

4.3.4.2 资源高效型指标，易于拆解的设计

面向拆解的设计应尽可能通过减少产品材料种类，合并零部件功能，通过集成减少零件数量和拆解时间，提高产品的可拆卸性和材料回收利用的效率。通过合并零部件功能、模块化设计和集成化，尽量减少产品所使用的材料种类和零部件数量可以简化拆解过程，提高拆解效率，并降低回收过程中的复杂性。同时，借助标准化拆解方法和使用常规工具，提高产品的拆解效率和易拆性。设计时考虑拆解过程中的操作需求，并确保拆解过程中的零部件保持完好，不受损坏。在产品设计阶段，应考虑材料组合优化，避免使用相互作用、容易老化和腐蚀的材料组合。同时，避免零部件受到污染，确保材料的回收纯度和质量。此外，应鼓励一次性加工并避免在零部件表面进行二次加工（如电镀、涂覆和油漆等），避免附加材料对分离造成困难，确保零部件表面的材料纯净性，提高回收利用效率。

4.3.4.3 资源高效型指标，再利用的设计

再利用的设计旨在最大限度地减少废弃物的产生并促进材料的再利用。通过使用可回收利用的材料，减少回收废弃物的产生量。首先在产品设计中选择可回收利用的材料，例如可再生材料，可循环利用的塑料、金属等。避免使用难以回收或无法回收利用的材料。在产品中提供可回收利用和不可回收利用材料的信息，以及合理分离这些材料的方法或处理渠道。这可以帮助消费者或废弃产品处理机构方便地获取回收利用信息。结合具体产品的情况，通过产品说明书、企业网站等多种方式披露材料回收利用信息；确保消费者能够方便地获取相关信息并正确处理废弃产品。在产品设计时考虑零部件的回收再利用潜力，并随着技术的更新和发展，提高零部件的再利用价值。即使直接再使用零

部件的成本可能高于其本身成本，但从产品设计的角度考虑零部件的再利用仍然具有意义。施耐德电气早在 2005 年就开始考虑与 UPS 产品相关的电池寿命末端管理的循环经济模式。目前，铅酸电池产品拥有完善的回收基础设施，已有超过 98%以上的铅酸电池使用有效回收再利用，其流程如图 4-12 所示。

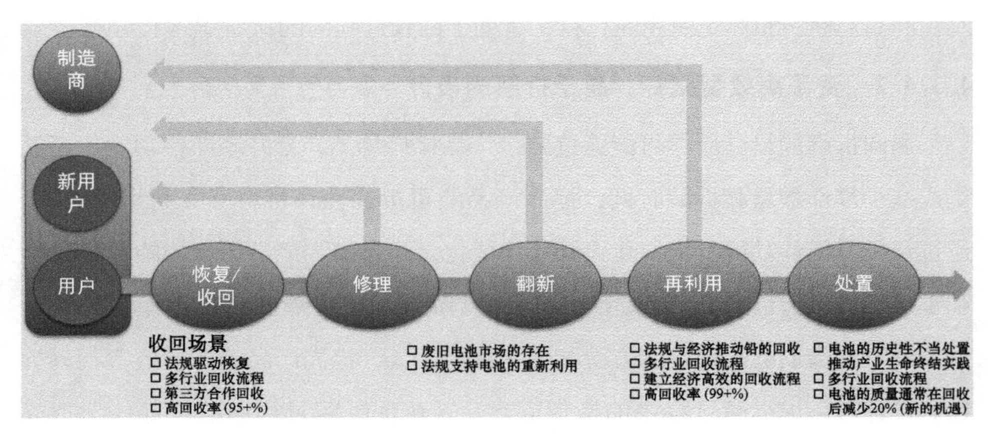

图 4-12 铅酸电池回收再利用流程

4.3.5 面向包装的绿色设计

GB/T 4122. 1—2008《包装术语 第 1 部分：基础》定义包装为“为在流通过程中保护产品，方便储运，促进销售，按一定技术方法而采用的容器、材料及辅助物等的总体名称。包装，也指为了达到上述目的而采用容器、材料、辅助物的过程中施加一定技术方法等的操作活动”。由定义可知，包装包含两层含义，一个是指包装商品所用的容器、材料及辅助物；另一个是指包装商品时的包装方法和包装技术等操作活动。包装种类繁多，按照主要功能可分为保护功能、盛载与划分功能、美化商品和传达信息的功能、环保与卫生的功能、循环与再生利用的功能等。而正是在包装功能的实现、使用和终结过程中，出现越来越多的污染问题。

绿色包装设计旨在其生命周期内，既能经济地满足功能和性能要求，又不会造成人和环境损害的设计，主要体现在以下几个方面：①包装减量化，在满足基本功能的前提下，适度减少包装用量；可以通过使用轻量化材料、优化设计和结构，以及消除不必要的包装部件来实现。减量化旨在降低资源消耗、减少废弃物产生，并降低运输和处理成本；②包装应易于重复利用，包装应设计成能够在使用后保持基本功能完好，并可以重复使用；可以通过选择耐用、结构稳固、易于清洁和维护的材料等方式来实现。重复利用包装有助于减少废弃物的产生，节约资源和减少环境影响；③包装废弃物应设计成易于回收、再生利用或进行其他形式的资源利用，考虑材料的可回收性、分离性和回收过程的可行性，通过使用可回收材料、简化复合材料结构，以及提供回收和再生设施的支持，促进包装废弃物的有效回收再利用；④包装废弃物应可降解，能够在适当的环境条件下自然降解或被生物降解，有助于减少包装废弃物在环境中的存在时间，减轻对自然资源的压力，以及对垃圾填埋场的负荷；⑤包装应在其生命周期中对人和环境无毒无害，如卤素和重金属。必要时使用的化学物质应符合相关标准和法规，并将其含量控制在安全的范围内，以保护人类健康和环境安全。

包装除了与对象产品相关，还与包装生命周期过程中相关的生产商、运输方、消费者等利益密切相关。各利益相关方对包装的要求不尽相同（见表 4-7）。为满足不同需求，包装设计基于资料收集分析，确定目标，依据策划的策略和方针，开展包装的视觉化表达。最后在批量制造和生产阶段，执行相关工艺程序。

表 4-7　各利益相关方的包装需求对比

包装要求/关注点	生厂商	厂家	运输方	仓储	销售	消费者
包装成本	√	√			√	√
材料性质						
物理、化学等性能	√	√	√	√	√	√
产品质量保存	√	√	√	√	√	√
自动化	√					
印刷	√					
传递信息					√	√
堆码性			√	√		
外观吸引力					√	√
易操作			√	√	√	√
货物编码	√	√	√	√	√	√
包装环境协调性	√	√	√	√	√	√

4.3.5.1 绿色包装材料选择

从资源属性层面，应限制有害物质的使用，包括包装材料中铅、镉、汞和六价铬的总含量、不应选择使用氢氟氯化碳（HCFCs）作为发泡剂、控制产品中双酚A（BPA）含量、产品塑料包装组件中短链氯化石蜡（SCCPs）含量，以及澳妆中二硝基甲苯含量等。尽可能避免一次性塑料包装的使用，对于无法避免的情况，应不使用PVC、发泡塑料（EPS、EPEe、EPP等）、炭黑塑料、热固性塑料及PA。

从包装材料的无害化维度，应尽量避免使用不可降解的包装，并在包装设计上避免使用可能对人体健康和环境有害的油墨、染料、安定剂和重金属等物质。例如，产品外包装选用木材时，处理工艺避免选用溴甲烷熏蒸处理；不使用含氢氯氟烃（HBFCs）作为发泡剂；使用原木色包装，减少包装工艺中的漂白工艺。从包装减量化维度，在包装上要满足其功能需要，且在消费者（用户）可接受的前提下，使包装的重量（体积）降至最低；批量产品的包装，对于尺寸接近的产品，优先考虑使用相同的包装设计，从而减少不同规格的包装数量。从包装材料回收利用的维度，包装整体再生利用率应不小于95%。应尽量使用可回收的、能够多次重复使用的包装材料，在保证包装功能的前提下，尽量增加包装材料中再生材料的比例，并建立包装材料的回收渠道，制定措施来促进包装材料的回收。重点关注在生产过程中或相对集中供货环节，因为相关阶段可能容易实现包装的重复或多次使用。此外，组织设立专门机构负责包装材料的回收和再生利用，通过收取包装材料的押金或者租金来促进包装材料回收。尚未具备建立废弃包装回收渠道的条件时，需要关注并利用已有的废弃包装回收渠道和回收机构。此外，建立包装材料的回收渠道并使用可回收利用的包装有利于大量采购的供应商，例如施耐德壳断路器包装，将白色纸盒变为原木色纸盒，避免了漂白纸张的使用，纸浆所需树木来源通过FSC认证，以确保原材料来源是经过认证的森林或供应链。同时，包装使用的水性油墨安全稳定，无毒无害。通过使用QR code电子说明书取代纸质说明书，不仅减少包装尺寸及重量，也减少了原材料的使用。新包装升级优化后，相比旧包装，整体碳排放减少了24%（见图4-13）。此外，市面上常见包装打印主要会使用传统的溶剂性油墨，其污染大，具有易燃、易爆性质，而且其挥发出来的气体会对人体造成伤害。水性油墨安全稳定，无毒无害，没有燃烧和爆炸风险，没有挥发性气体。因此，该产品包装采用环保型水基油墨，无毒无害。因为油墨的成分大部分是水，所以当油墨干燥后没有溶剂挥发，污染较小，有利于环境保护。

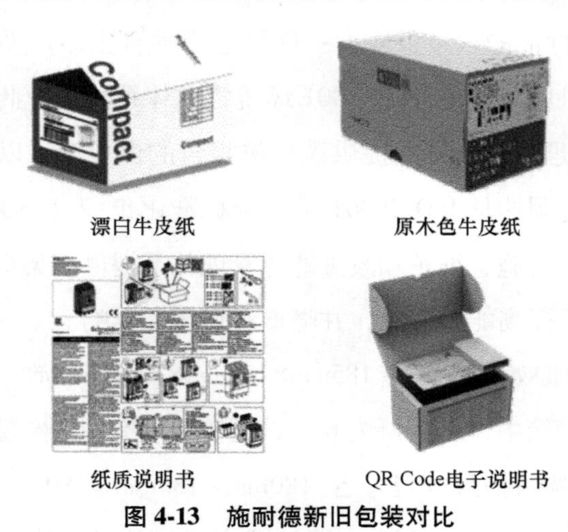

漂白牛皮纸　　原木色牛皮纸

纸质说明书　　QR Code电子说明书

图 4-13　施耐德新旧包装对比

4.3.5.2　绿色包装结构设计

在包装结构设计层面，其高效性和可持续性体现在以下七个重要设计因素：

1）初始包装空隙率声明：在包装设计中，应明确初始包装的空隙率，即内装物占据的空间与整个包装容积的比率，有助于减少不必要的包装材料使用。

2）包装层数的控制：包装层数指完全包裹内装物的可物理拆分包装的层数。在设计中，应尽量控制包装层数不超过两层，减少包装材料的浪费。

3）包装强度和环境测试：通过进行包装强度和环境测试，可以确保包装在保护产品方面具备足够的性能。合理的结构设计可以提高包装的刚度和强度，减少对二次包装和运输包装的需求，从而减少包装材料的使用。

4）包装形态设计：包括包装的形状和样式，与结构设计相互作用。通过合理的形态设计，可以减少包装材料的使用量。

5）材质选择和单一材质设计：应优先选择单一材质的包装或易于分离的材质组合。避免过度包装，减少包装物的使用量，可以利用批量包装替代单独包装。

6）包装回收和可回收性标识：通过合理的包装结构设计，可以降低包装物的回收和处理难度。包装设计者应清晰地标识出包装的可回收性和被包装产品的环境协调性，引导绿色消费。在外包装上通过文字、颜色或其他标识系统，标明包装物和产品的回收处置方法、地点和分类标识等信息。

7）使用符合标准的包装供应商：优先选择具有生命周期评估报告的包装供应商，并确保供应商获得 ISO 14001 环境管理体系认证。此外，宜选择取得 ISO 50001 能源管理体系认证并提供碳足迹报告的供应商，以鼓励核算温室气体排放量。需要说明的是 ISO 50001 是国际标准化组织（ISO）发布的一项标准，旨在为建立、实施、维护和改进能源管理体系提供框架和指导，以帮助组织改进能源性能，提高能源效率，并降低对环境的影响。

施耐德电气将原始初级包装 185mm×135mm×195mm，放入 598mm×397mm×300mm 的标准运输箱中，装载量为 6 台，运输箱内有较大空隙。通过略微调整结构尺寸，将初级保护尺寸缩小至 180mm×135mm×189mm，装载量提升到 12 台产品，运输效率提高了 50%；同时减少了包装材料的使用，节约运输和材料成本，如图 4-14 所示。

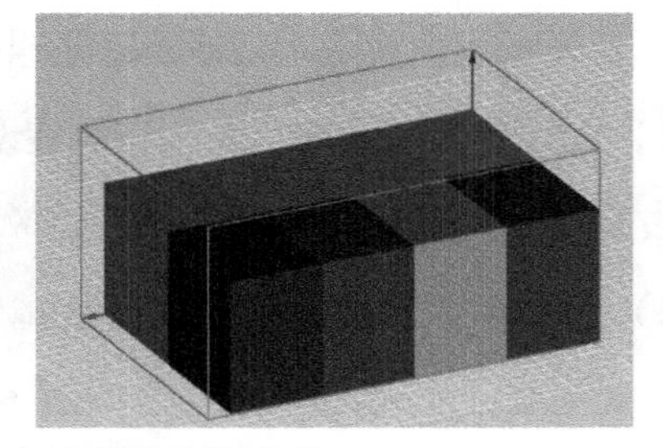

图 4-14　施耐德电气包装结构调整案例

4.4 绿色设计产品评价

4.4.1 绿色产品评价技术标准

以中国绿色设计产品技术规范为例，绿色设计产品评价主要从四个维度进性考量，分别是产品的资源属性、能源属性、环境属性和产品属性[⊖]。绿色设计技术规范涉及团体标准（T/CESA）、行业标准（T/CEEIA）、行业推荐性标准（SJ/T）和国家标准（GB/T）。对应不同产品类型，例如电源变压器、电力系统、小型断路器等（见表4-8）。以电子电器产品为例，相关的法规包括欧盟和中国的绿色法规及指令、EPD项目、电子电器产品生态设计和绿色标识。基于环保合规性和全生命周期评价，完成生态设计；结合不同方案的全生命周期评价结果，对各阶段的环境效益进行对比，以确定最优设计方案并完成相关绿色标识的申报。

表4-8 绿色产品评价技术标准清单

领域	标准等级	标准编号	标准分类/名称	
生态设计及绿色产品领域	国家标准化管理委员会	GB/T 32161—2015	通则	《生态设计产品评价通则》
		GB/T 32162—2015	产品标识	《生态设计产品标识》
	中国电器工业协会团标 注：同步升级行标过程中	T/CEEIA 334—2018	绿色设计产品评价技术规范	塑料外壳式断路器
		T/CEEIA 334—2018		家用及类似场所用过电流保护断路器
		T/CEEIA 374—2019		家用和类似用途插头插座
		T/CEEIA 375—2019		家用和类似用途固定式电气装置的开关
	中国电器工业协会+中国机械工业联合会团标	T/CEEIA 554—2021		电磁式交流接触器
		T/CMIF ×××—×××		万能式断路器
		T/CMIF ×××—×××		转换开关电路
		T/CMIF ×××—×××		中压气体绝缘金属封闭开关设备
		T/CMIF ×××—×××		低压成套开关设备和控制设备
		T/CMIF ×××—×××		母线槽
		T/CMIF ×××—×××		RCBO
		T/CMIF ×××—×××		隔离开关
	中国电器工业协会国标推荐	T/CEEIA ×××—×××		不间断电源
		GB/T-××××		生态设计产品评价技术规范 电器附件

⊖ 绿色设计产品评价具体内容请参考国标GB/T 34664。

（续）

领域	标准等级	标准编号	标准分类/名称	
生态设计及绿色产品领域	中国电器工业协会国标推荐	GB/T-××××	生态设计导则	电器附件环境意识设计导则
		GB/T 24975-××××		低压电器环境意识设计导则
	中国工程建设标准化协会团标	T/CECS ×××-×××	绿色建材评价	建筑用断路器
		T/CECS ×××-×××		低压开关柜
	中国电器工业协会团标	T/CEEIA ×××-×××	绿色包装	低压电器产品 绿色包装技术规范
循环经济	中国电子技术标准化研究院团标	T/CESA ×××-×××	材料效率	电子电器产品中再生塑料应用技术规范
有害物质	中国电子技术标准化研究院行标	SJ/T 11876-×××	有害物质管理	电子电器产品有害物质管理与实施评价指南
低碳	中国电器工业协会团标	T/CEEIA ×××-×××	碳足迹核算	低压电器碳足迹评价
		T/CEEIA ×××-×××		电工行业产品碳足迹评价导则 高压开关设备和控制设备
		T/CEEIA ×××-×××		高压开关设备和控制设备生产企业 碳排放核算方法
LCA	—	T/CEEIA ×××-×××	LCA 通则	低压电器 Product Category Rules
产品标签	德国	蓝天使标签	涉及产品达 79 种，建筑类、家用轻工产品、家电和影音设备产品分别占比 20.3%、16.5%、20.3%	
	北欧	白天鹅标签	涉及产品有 64 种，家用轻工产品，建筑产品，工业产品（含能源 & 供热）分别占了 20.3%、18.8%和 9.4%	
	欧盟	欧洲之花	设置了 39 个子产品类别，家用轻工类产品，家电和影音设备分别占比 38.7%和 12.9%	
	韩国	韩国生态标签	涉及产品达 148 种，照明电器和涉水产品均制定了相关基准文件	

4.4.2 绿色标签

公司应基于数字化手段提供产品的环境信息，通过满足并超越相关环保法规（RoHS 指令、REACh 法规等），以减少产品中有害物质的使用。同时，公司应重视环境信息披露，通过公开产品环境概况（PEP）等信息为客户提供可靠的环境信息；基于循环性概要文件指导产品在寿命终期选择合适的处理和处置方式，实现循环经济价值的最大化。

4.4.2.1 绿色产品企业自我宣称

环境标志和环境声明用以表明产品、部件或包装的某种环境因素。国际标准化组织环境管理标准化技术委员会 ISO/TC 207 自 2000 年起专门针对环境标志和声明先后制定了 ISO 14020 系列国际标准，包括 ISO 14020：2000《环境标志和声明通用原则》、ISO 14021：2016《环境标志和声明自我环境声明（Ⅱ型环境标志）》、ISO 14024：1999《环境管理　环境标志和声明Ⅰ型环境标志原则和程序》和 ISO 14025：2006《环境标志和声明Ⅲ型环境声明原则和程序》等。其中，ISO 14020：2000《环境标志和声明通用原则》为环境标志和声明提供了通用的原则和指南，包括定义和术语、环境标志和声明的目的和原则、编制环境标志和声明的一般要求等内容。ISO 14021：2016《环境标志和声明自我环境声明（Ⅱ型环境标志）》规定了自我环境声明的要求和指南，用于组织在产品、服务或组织方面宣称其环境性能。它包括了环境标志和声明的定义、目的、原则，以及编制和验证自我环境声明的要求等内容。ISO 14024：1999《环境管理　环境标志和声明Ⅰ型环境标志原则和程序》规定了第三方环境标志的原则和程序，用于对产品的环境性能进行评定和认证，涵盖环境标志的定义、目的、原则，以及第三方环境标志的认证程序、认证标志的使用等内容。ISO 14025：2006《环境标志和声明Ⅲ型环境声明原则和程序》规定了环境声明的原则和程序，用于对产品、服务或组织的环境性能进行全面、准确和可比较的披露。它包括环境声明的定义、目的、原则，以及环境声明编制的要求、验证和验证标志的使用等内容。基于环境标志和声明，通过产品环境因素的可验证的、非误导的、准确的信息交流，促进了对具有较小环境压力的产品的需求和供给，激发市场驱动的持续改善环境的潜力。其中，Ⅱ型环境标志认证由第三方对组织的自我环境声明进行评审，经第三方评定机构确认并通过颁发证书和签订标示转让合同，表明组织的自我环境声明符合 GB/T 24021 和 ISO 14021：2016《环境标志和声明自我环境声明（Ⅱ型环境标志）》要求的活动。

施耐德电气产品生态标签 Green Premium，是“绿色、低碳与循环经济”理念的核心支柱，它体现了公司承诺，即通过贯穿产品全生命周期的生态设计的产品、服务和解决方案的组合实现绿色价值主张，帮助客户轻松实现可持续发展目标。除了提供产品环保法规合规文件、环境影响报告、产品寿命终期处置说明外，还提供有关健康安全性、资源高效性和循环经济性等其他环保声明文件，并逐步将适用范围从产品扩大到服务，以及整体解决方案。具有绿色标签的绿色产品，将提供有关其法律法规遵从性、材料组成和含量、环境影响和资源化属性等详细信息。

4.4.2.2 绿色产品外部标签

ISO 14024：1999《环境管理 环境标志和声明Ⅰ型环境标志原则和程序》中定义Ⅰ型环境标志计划为自愿的、基于多准则的第三方认证计划，以此颁发许可证授权产品使用环境标志证书，表明在特定的产品种类中，基于生命周期考虑，相关产品具有总体环境优越性。全球范围内，绿色产品认证包括欧盟 EU Ecolabel、北欧 Nordic Swan Ecolabel、德国 Blue Angel、日本 Eco-mark、美国 Green Seal、法国 NF Environment、加拿大 Environmental Choice，以及中国环境标志绿色产品。此外，还有德国与欧盟 Green Dot（包装材料回收系统）和美国 Energy Star（节能标志）。

其中，欧盟 EU Ecolabel 是欧洲联盟的官方环境标签，旨在鼓励和促进符合环境标准的产品和服务。该标志适用于多种产品和服务领域，包括电子电器设备、家居用品、清洁剂、纸张、建筑材料等。EU Ecolabel 的目标是通过一系列严格的环境性能要求，推动企业在整个产品生命周期中减少环境影响，包括资源使用、能源效率、排放限制、可持续采购、循环经济等。EU Ecolabel 认证是一种第三方认证，由独立的认证机构进行评估和审核。获得 EU Ecolabel 认证的产品必须符合这些要求，并且需要定期进行审查和更新认证。

德国 Blue Angel 标志的起源可以追溯到 1978 年，它是世界上最早的环境标签。该标签旨在鼓励和推广具有较低环境影响的产品和服务，其设计具有蓝天和清洁环境的象征意义，旨在向消费者传递产品在环境方面的优越性。获得 Blue Angel 标志的产品必须符合严格的环境标准和要求，这些标准包括对产品的生产过程、材料的选择、能源效率、使用阶段的环境性能等方面的要求，还强调对人类健康和可再生资源的保护。Blue Angel 标志覆盖了各种产品和服务领域，包括电子电器设备、建筑材料、家具、纸张和打印产品、清洁剂、办公用品等。获得该标志的产品可以在市场上以其环境友好和可持续性的特点进行宣传，消费者可以通过寻找 Blue Angel 标志来识别和选择符合环保要求的产品。

日本 Eco-mark（日本生态标志）是由日本环境协会（Japan Environment Association）管理和颁发的官方环境标签，旨在推动可持续发展和环保生产消费，鼓励企业生产符合环境标准的产品。Eco-mark 的认证适用于各种产品和服务领域，包括电子电器设备、家居用品、纸张、建筑材料、清洁剂、食品等。美国 Green Seal 的认证适用于各种产品和服务领域，包括清洁用品、建筑材料、纸张、电子产品、个人护理产品等。获得 Green Seal 认证的产品必须符合一系列严格的环境性能要求，包括资源使用效率、能源使用、废物管理、化学物质限制等方面。

作为透明度平台和产品数据库，Declare ®认证要求制造商需要披露产品所含的所有化学物质（含量为百万分之一百以上）。基于产品成分表，该认证可以让消费者清晰准确地了解产品具体包含的物质信息。申请到 Declare 标签的产品可以纳入 Declare 产品数据库，作为申请美国绿色建筑 Living Building Challenge 认证推荐产品。

瑞典 Sundahus 组织对建筑产品的组成材料和物质进行评估，并在北欧国家推出的外部标签，尤其针对在瑞典销售的产品，基于 Sundahus 数据库履行企业环境计划，并对所选产品的材料和物质进行有效披露。

Cradle to Cradle Certified 产品计划为设计人员和制造商提供了持续改进产品设计和制造方法的标准和要求，适用于材料、部件/组件和成品的认证。其中，材料和组件可被视为产品处理。申请者通过提交配方信息和产品相关数据，依据 Cradle to Cradle Certified 产品标准对其进行评估，通过审查后即可获得认证。

Energy Star（能源之星）是一项由美国能源部和美国环保署联合提出的，针对消费性电子产品的能源节约计划，旨在降低能源消耗、减少发电厂排放的温室气体。最早参与计划的产品主要是电脑，后来逐渐衍生到电机、办公室设备、照明和家电等产品，后续拓展到建筑行业，由环保署协助自愿参与业者评估其建筑物的使用情况（包括照明、空调、办公设备等），并对建筑物的能源改善计划进行持续追踪。Energy Star 认证被美国市场广泛接受和认可。

为发挥标准在绿色设计产品评价中的规范引领作用，国家工业和信息化部公布了包括《生态设计产品评价通则》《生态设计产品标识》等在内的跨行业标准清单。同时，为贯彻落实《国务院关于加快建立健全绿色低碳循环发展经济体系的指导意见》（国发〔2021〕4 号），大力推行工业产品绿色设计，加快创建绿色设计示范企业，公布了“绿色工厂”“绿色设计产品”“绿色工业园区”“绿色供应链管理企业”等名单，并实施名单动态管理机制，适时复核。

为贯彻落实《中国制造 2025》，组织实施好绿色制造工程，工信部 2016 年发布了《绿色制造工程实施指南（2016—2020 年）》，文件提出“按照产品全生命周期绿色管理理念，遵循能源资源消耗最低化、生态环境影响最小化、可再生率最大化原则，大力开展绿色设计试点示范，开发推广绿色产品，积极推进绿色产品第三方评价和认证，建立各方协作机制，发布绿色产品目录，引导绿色生产，提升绿色产品国际化水平，推动国际合作。到 2020 年，开发推广万种绿色产品”。截至 2021 年底，工信部总共发布了六批绿色设计产品公示名单。申报成为国家级绿色设计产品，是产品在生产工艺、资源、能源消耗和生态环境影响等方方面面都严格符合各项标准的有力证明，有利于企业品牌形象的提升和产品的市场推广，在政府采购中亦有可能被优先纳入采购范围。GB/T 32162—2015 规定了生态设计产品标识及其标注的基本原则和一般要求。

4.4.3 产品碳足迹认证

目前产品碳足迹认证参考的标准主要有三个，分别是 ISO 14067：2018《温室气体-产品碳足迹-量化要求及指南》、PAS 2050：2008《商品和服务在生命周期内的温室气体排放评价规范》与《温室气体核算体系：产品寿命周期核算和报告标准（2011）》。ISO 14067：2018《温室气体-产品碳足迹-量化要求及指南》提供了产品碳足迹量化的要求和指南，包括温室气体排放的测量方法、计算方法和报告要求，旨在帮助组织评估和报告其产品在整个生命周期内的温室气体排放情况。PAS 2050：2008《商品和服务在生命周期内的温室气体排放评价规范》提供了评估商品和服务温室气体排放的方法和指南，它考虑了产品的整个生命周期，包括原材料获取、生产、使用和最终处理阶段，以评估其对温室气体排放的贡献。《温室气体核算体系：产品寿命周期核算和报告标准（2011）》由中国环境保护部制定，旨在推动企业开展产品温室气体排放核算和报告工作。它要求企业在产品设计、生产、运输、使用和废弃处理等阶段进行温室气体排放核算，以全面评估产品的碳足迹。这些标准提供了统一的方法和指南，使组织能够量化和报告其产品的温室气体排放情况。通过进行产品碳足迹认证，组织可以识别和管理温室气体排放，并采取相应的减排措施，以实现可持续发展和低碳经济目标。

PAS 2050：2008 是世界上第一个针对产品碳足迹产出的核算标准，它为企业提供了一个统一的方法评估产品生命周期内温室气体的排放。GHG Protocol 温室气体核算体系-产品寿命周期核算与报告标准是由世界自然基金会（World Resources Institute，WRI）和世界企业委员会可持续发展中心（World Business Council for Sustainable Development，WBCSD）联合制定。它是一项面向公众开放的标准，针对生命周期评价标准 ISO 14044 制定的，适用于评测产品的生命周期碳排放的报告，旨在帮助企业或组织针对产品设计、制造、销售、购买，以及消费使用等环节制定相应的碳减排策略。ISO 14067 是国际标准化组织 ISO 根据 PAS 2050：2008 标准发展而来的。该标准提供了产品碳足迹核算最基本的要求和指导。三个产品碳足迹国际标准的发展历程和相互关系如图 4-15 所示。

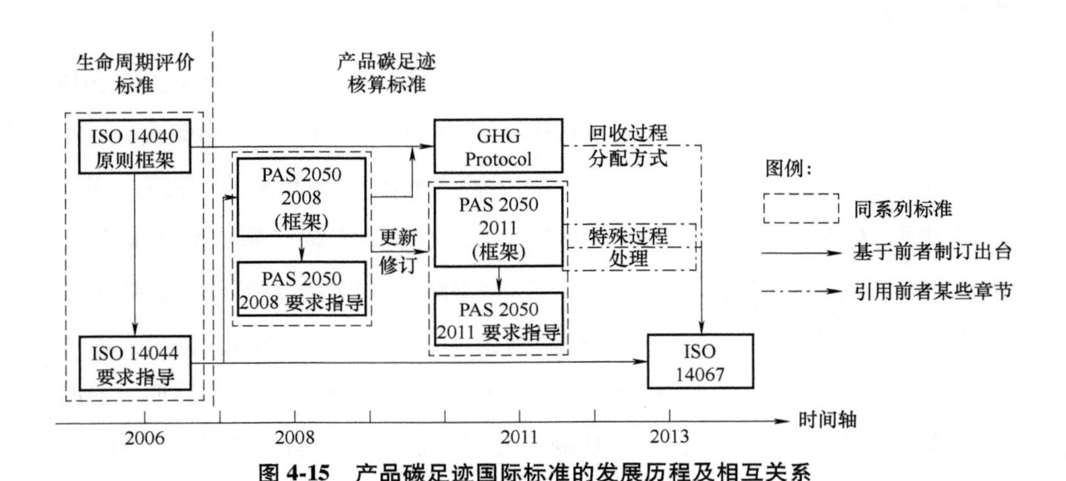

图 4-15　产品碳足迹国际标准的发展历程及相互关系

目前，产品碳足迹认证一般以项目形式展开，并主要分为三个阶段来推进，分别是项目启动前（确定产品及第三方认证机构），项目进行中（碳足迹核算与碳足迹报告审核），以及项目结束（颁布认证）。

1）项目启动前：确定需要进行碳足迹认证的产品，选择具有代表性的产品，企业中不同职能部门的同事会共同参与来选择需要展开核算的产品，一般情况下所选择的产品是具有一定代表性的，例如，销售量最大、销售额最高的产品。同时，选择第三方认证机构，根据产品的销售地和应用的目标行业，结合考虑第三方机构的公信力和信誉度，选择合适的认证机构进行后续的审核和认证。由于不同第三方机构在不同国家地区和行业的公信力不同，往往需结合产品的主要销售地和应用的目标行业来选择。同时第三方机构也会根据所选产品的基本情况给出相应报价，项目组在多方评判后会最终选择出合作的第三方机构。

2）项目进行中：首先核算方确定产品的碳足迹核算边界，即确定整个生命周期中哪些环节和过程会被包括在碳足迹计算中。通过收集相关产品的信息，包括原材料获取、生产过程、运输、使用和废弃处理等各个环节的数据，进行产品的碳足迹核算，计算出在整个生命周期中的温室气体排放量。核算方根据核算结果编制产品的碳足迹核算报告，展示系统边界内各个阶段的碳足迹情况。最后，认证机构对核算报告进行审核，包括现场审验和文审阶段，确保核算的完整性和准确性。对产品的生产流程及物料清单展开现场审验可确保碳足迹核算的完整性，针对报告展开的文审阶段，该阶段的侧重点更多的是在考察核算方开展 LCA 建模的逻辑和选型。

3）项目结束阶段：经过认证机构的审核，符合要求的产品将获得认证证书，证明其已经进行了产品碳足迹核算和认证。颁布的认证证书会体现该次产品碳足迹核算的重要内容，包括核算边界、核算时间和最终结果。此外，部分认证机构在颁布认证证书后会提供其公司的碳标签用以贴标宣传，以展示产品的碳足迹核算结果。目前，碳足迹标签的形式多种多样，不同国家的不同第三方认证机构均设计有自己的碳标签形式。但一致的是，碳标签上都会展示相应产品的碳足迹核算结果。

目前，施耐德电气部分产品已开展产品碳足迹认证，包括六款断路器与中国质量认证中心合作获得产品碳足迹认证证书（从摇篮到大门）。全球主要国家和地区碳标识如图 4-16 所示。施耐德断路器碳足迹认证案例如图 4-17 所示。

	英国	法国	美国	德国	瑞士	日本	韩国
碳标识							
形式	自愿性	自愿性	自愿性	自愿性	自愿性	自愿性	自愿性
标识类型	信息型	信息型	信息型	保证型	保证型	信息型	保证型向信息型过渡
推行方式	机构发起，政府推动	政府发起，机构主导	机构自发	政府发起，机构主导	机构自发	政府发起，机构执行	政府发起，机构执行
机构/组织	Garbon Trust	Group casino	Carbonfund.org.Fundation etc	WWF Oko Istitute PIK	Clima top	日本产业环境管理协会（JEMAI）	韩国环境产业技术研究院（KEITI）
标准方式	PAS2050; GHG Protocal	PAS2050; 基于BPX30-323标准	EIO-LC生命周期评估方法	ISO14040 PAS2050	GHG Protocol; ISO 14040	TS Q0010	ISO 14040/64/25; PAS 2050; GHG Protocol

图 4-16　全球主要国家和地区碳标识

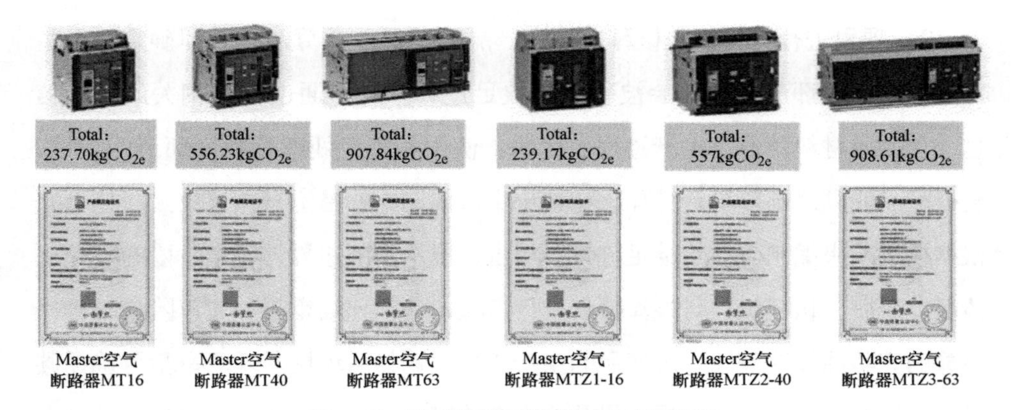

图 4-17　施耐德断路器碳足迹认证案例

本章小结

本章首先介绍了电子电器产品领域绿色设计理论框架方案，有助于实现绿色设计过程知识重构分析、全生命周期的产品系统模型构建，以及产品设计方案信息集成和方案生成。明确了电子电器产品的绿色设计目标，包括有害物质分析与管控、产品环境足迹评估与公开，以及针对行业需求的绿色设计目标。此外，本章基于绿色设计方法，阐述了施耐德电气绿色产品五类设计方向，构建了绿色设计要素与业务流程关联表。同时，围绕材料选择、清洁生产和使用、寿命终期，以及绿色包装展开讨论。最后，本章梳理了绿色设计产品评价相关标准、标签和认证。

5 电子电器产品绿色设计案例

产品绿色设计已成为国内外解决经济发展与资源和环境问题之间矛盾的重要举措，作为一种高效、可持续发展的工作思路得到了全球各个国家和地区的广泛认同，并正在从政策法规层面、标准化层面、技术层面、市场层面和国际互认层面等得到全方位研究和推广。电子电器行业作为全球贸易额最大、能耗和废弃总量巨大、面临绿色环保政策和消费市场压力最大的行业，开展产品绿色设计，推动绿色制造和工业转型升级已成为必然趋势和重要任务。截至目前，我国和欧盟已逐步形成了一系列与电子电器类产品生态设计和环境评价有关的技术标准和法规指令。

5.1 施耐德电气绿色产品设计流程

施耐德电气很早就将环保意识和理念贯穿于公司政策，并建立专家团队提供专业的技术服务。施耐德电气全球绿色节能设计团队成立于2015年，为施耐德电气全球产品和项目提供环境技术咨询及支持。在确保施耐德电气产品100%符合环保合规性和信息透明性的基础上，通过生态设计实现产品的材料选择安全性、末端处置循环性，以及资源利用的高效性。目前，通过生态工程师的严格审核和专业评估，施耐德电气产品营收的75%来自于取得“Green Premium”生态标识的产品，所有的全新项目满足生态设计的要求。

生态设计指导产品符合国内外各区域的环保法律法规，更通过全生命周期评价方法分析产品的环境影响并通过 PEP（产品环境概貌）向客户传递环境信息，实现产品的环保合规性和环境信息的透明性。通过开展节能低碳型设计，帮助客户提高能效，节约能源和减少碳排放；通过开展资源循环型设计，帮助客户优化成本，增强产品循环利用效率；通过开展环境友好型设计，帮助客户保证使用者的健康安全，避免环境和健康风险。此外，面向外部环保标识、客户偏好和市场需求等要求，研发区别化产品。除此之外，施耐德电气根据欧盟 ErP 指令和 IEC 62430 标准，开发了一套完整的产品生态设计的方法论和工具，并结合产品研发流程，推进产品生态化设计和创新（见图 5-1）。

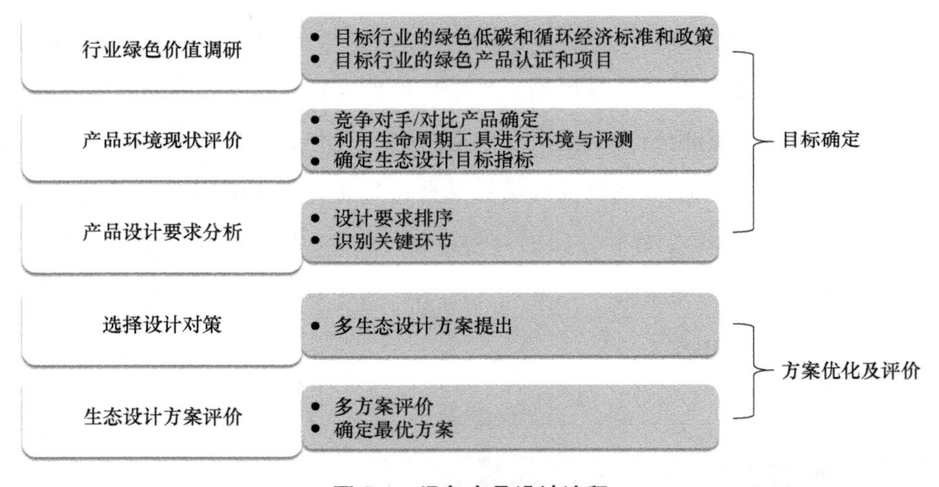

图 5-1　绿色产品设计流程

生态设计和产品环境评价工作的开展，有效促进了产品设计过程的不断优化，体现在产品结构设计的精简，原材料及辅料的高效利用，以及废料产生的减少。施耐德电气全球绿色节能设计团队能够支持全球研发团队，根据机械工艺的变化，及时改变配件的构架，研究新材料、提升再生材料的使用量，形成新的设计方案，并在产品的生产、加工、制造、包装、排污治理、废弃物利用等全生命周期严格把控，进行产品检验，积极改进，制订了多项以低碳、节能、节约为原则的改造机制和改善方案，并开发了 46 项生态创新技术，包括有毒有害物质替换（23 项），新型材料/技术使用（21 项）及模式创新（2 项）。

施耐德电气绿色设计流程由“目标确定”和“方案优化及评价”两大步骤构成。在目标确定阶段，通过“行业绿色价值调研”“产品环境现状评价”和“产品设计要求分析”三步走的方式初步锚定设计目标和方向。基于明确清晰的方向，通过“设计对策选择”和“生态设计方案评价”完成方案制订，确保产品能够满足其应用市场的绿色需求，提升生态设计产品的市场竞争力。

其中，行业绿色价值需求调研主要围绕产品对应目标行业的绿色低碳和循环经济标准和政策。目标行业的绿色产品认证和项目，绿色产品外部标识也作为重要参考依据。通过识别产品相关行业环保法规，利用生命周期工具进行环境预评价，确定绿色设计目标和指标。基于产品的环境绩效评价，对产品设计要求进行分析和排序并识别关键环节。其中，绿色设计目标包括内部“Green Premium”、绿色材料、绿色包装和环保低碳循环绿色价值等细分子目标。确定绿色设计目标后，提出多维度绿色设计方案，并开展新一轮绿色设计方案评价，最终确定最优方案。

5.2 施耐德电气绿色设计工具

施耐德电气产品环境概貌（PEP）文件形成流程如图 5-2 所示。将产

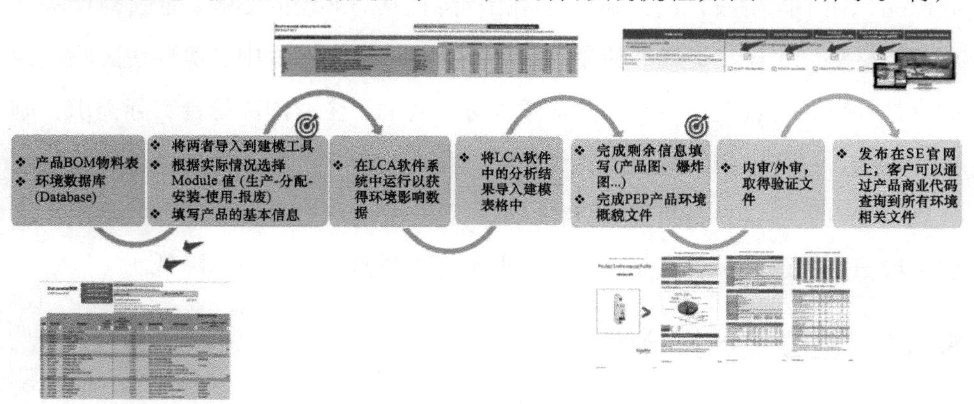

图 5-2 施耐德电气产品环境概貌（PEP）文件形成流程

品BOM 清单和环境数据库相关信息导入建模工具，根据实际情况选择模块并填写产品基本信息。在 LCA 软件中建模并运行，以获得环境影响数据，并将分析结果导入建模表格，完成信息填写（例如产品图、爆炸图等）以及 PEP 文件的编制。通过内审或外审方式取得验证文件，发布在施耐德电气官方平台，方便客户基于产品商业代码实现相关环境文件的快速查询。

5.2.1 基于 LCA 的环境指标评估

生命周期评价（LCA）采用定量方法，分析产品从原材料获取到最终处置的整个过程的物质流和能量流，实现资源消耗和环境影响的科学呈现。施耐德电气基于 ISO 14040—44 标准，开展了产品环境评价的对比研究。面向目标用户，确定系统边界，明确指出限制和假设，保证数据质量。在此过程中，EIME LCA 软件用于创建产品全生命周期各阶段的模型。当原始数据缺失时，采用默认数据带入计算过程。在生命周期影响评价中，选择相关环境影响因子实现产品环境绩效评估，包括温室效应、大气污染和水体污染等。

对公司典型产品的环境指标进行量化分析，包括原材料消耗（RMD）、能源消耗（ED）、水消耗（WD）、温室气体排放（GW）、臭氧层消耗（OD）、空气毒化（AT）、光化臭氧生成（POC）、空气酸化（AA）、水质毒化（WT）、水质过氧化（WE）、有害物质生成（HWP）等，实现环境绩效评估。对于不同产品，在不同阶段，设计环境目标指标降低其对环境的影响。通过对产品开展从原材料、生产、运输、使用和废弃的全生命周期过程中各类环境影响因素的有效评价，可直观展示产品的环境指标，有助于企业内部结合实际需求，制定合理的、经济适用的绿色设计计划和方案。此外，产品生命周期评价报告也是施耐德电气与客户、第三方机构、政府等外界组织进行交流的有效手段，实现环境信息披露、绿色产品认证，有助于环境风险应对和成本降低。

5.2.2 生态设计打分表

生态设计打分表（Eco Design Scorecard）由施耐德电气自主研发设计，其评估指标参考欧盟 ErP 指令，指标权重依据环境法律法规、客户期望和竞争对手/产品的表现来确定。通过各项指标的评估结果识别产品的生产设计其问题在哪里，并依据此提出相应的改进方案以提升环境绩效。通过产品绿色设计流程，发掘生态创新技术，包括有毒有害物质替换、新型材料使用、技术改进和模式创新等。

生态设计打分表基于客户或市场需求，推荐 LCIA 方法学和数据库。通过建立全生命周期对比可视化图表，突出碳足迹等不同绿色属性和环境足迹的变动。施耐德电气内部对环境评价指标进行拆分并确定指标；结合知识图谱，制定不同产品、目标区域、目标行业下的绿色低碳指标；结合产品的技术和功能参数，对比产品全生命周期环境绩效，根据关键部件识别和重点材料分析结果，依据信息频次或上下限值等参数确定各类指标的权重。此外，对于所有绿色设计目标下的技术方案进行记录，围绕一个或多个关键环境指标实时开展 LCA 分析，并展示在各阶段和全生命周期范围内环境效益的影响和变动。在对比表模块，确定新老产品或者竞品间在不同绿色设计目标下的指标，包括权重、对比主要参数的选择，实现科学、可行的量化对比。生态设计打分表工作流程主要包括五个步骤，具体内容如图 5-3 所示。

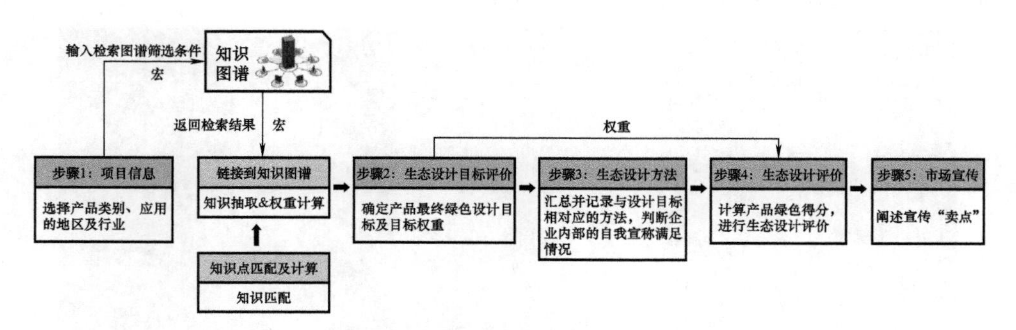

图 5-3　生态设计打分表工作流程

第一步：填写项目基本信息，确定新产品应用的地区及行业。

在项目管理阶段，收集并整理与待销售产品相关的信息，并填写项目基本信息表。这包括确定产品将应用的地区和所属行业。根据产品销售行业的特点和不同地区的法律法规要求的差异，确定绿色设计在产品设计中的权重。相关信息输入到知识图谱系统中，进行绿色设计知识的抽取、权重计算和知识匹配。

第二步：生态设计目标评价。

基于绿色设计知识图谱和产品相关信息，确定产品绿色设计目标及目标对应权重。例如，基于不同国家地区和行业政策法规要求，明确产品材料组成和功耗等要素对环境的影响，并由此对目标子项进行分析计算。

第三步：生态设计方法。

基于产品环境绩效中的关键问题，汇总并记录与设计目标对应的各种优化措施，以供参考选择。相关措施方法旨在满足相关的政策法规要求，以及企业内部的自我宣称。

第四步：生态设计评价。

对产品的绿色得分进行定量分析和计算，实现生态设计评价。同时，借助可视化图表，有效展现不同措施在产品全生命周期各环节对环境的影响。

第五步：市场宣传。

基于生态设计打分表结果，得到多维度下不同产品间的环境指标汇总和对比，生成生态设计打分表结果（见图 5-4）。

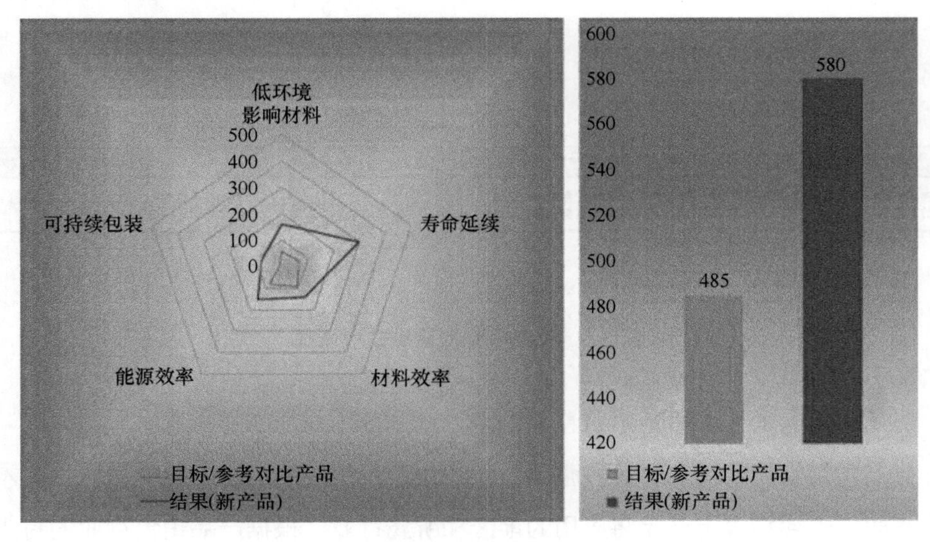

图 5-4　生态设计打分表结果展示（彩图见封三）

以上是生态设计打分表工作流程的主要步骤，通过系统化的方法和流程，可以帮助企业在产品设计过程中更好地考虑环境因素，并实现绿色和可持续的产品设计。

5.3 施耐德电气绿色设计成果展示案例

5.3.1 产品绿色设计成果展示

产品 TeSys Giga 是一个通过实施生态设计手段获得 Green Premium 以及外部认证标签的优秀案例，产品符合 RoHS、REACh 和 CA65 等指令和法规要求（见图 5-5）。通过对产品进行全生命周期评价及末端处置循环性说明，从绿色设计角度证明产品符合施耐德电气内部塑料部件无卤宣称。在项目实施过程中，使用无铅钢替代有铅钢，减少重金属的环境风险，并且在产品包装中也考虑了资源循环性设计。产品通过了外部 PEP Eco Passport 独立认证获得绿色标签，也有效助力客户实现其行业外部认证。

图 5-5 TeSys Giga 绿色设计成果展示宣传页

5.3.2 包装绿色设计成果展示

包装的基本功能是保证产品在运输和仓储过程中不受损坏，是延长产品生命周期的重要措施，也是体现企业品牌形象并传达商品信息的重要手段。绿色包装的首要工作就是绿色包装设计，它直接影响到包装方式，包装用料的选择和使用量，以及包装废弃物的处理。绿色包装设计是在确保产品功能的前提下，力求使产品包装的设计和使用更加合理。通过确定产品属性概念，绿色包装通过设计使包装结构更加科学、实用和美观。其次，从功能角度，绿色包装通过分析产品功能特性，评估相关功能实现对应材料与能源的消耗情况，尽可能减少其环境复核。

TeSys Giga 产品在可持续包装方面做出的优化改良，体现了健康、绿色、可循环性优势。产品包装在法规层面满足欧盟 REACh 法规与欧盟包装及包装废弃物指令的要求。包装木材来源通过 FSC 认证，使用了 100%再生材料的自然色纸箱，减少了原材料和能源的使用，避免了漂白工艺中由于化学品使用造成的污染。同时，产品的包装缓冲材料使用可回收纸板代替了一次性塑料制品，降低了废物包装物使用后续引发的环境污染。相比于多页单面打印的纸质说明书，产品包装仅保留了一页双面打印的安全性说明和安装说明书，节约了原材料。绿色包装设计案例如图 5-6 所示。

图 5-6 绿色包装设计案例（彩图见封三）

5.4 其他绿色设计案例

5.4.1 苹果公司

苹果公司通过低碳设计降低能耗，改进制造和材料工艺，逐步将产品用料过渡到低碳冶炼和回收再造材料，例如，优先采用以水电冶炼的铝材，新款 MacBook Air 的外壳使用 100%再生铝材料。自 2008 年以来，主要产品线的平均产品能耗降幅 73%；货运方面，尽量用陆运和海运取代空运；员工通勤方面，实施远程办公顾问计划，开启通勤班车计划。在产品设计阶段，苹果公司鼓励使用由再生来源或低碳能源制造的原材料，2021 年生产的所有产品中再生钨、再生稀土元素和再生钴的使用量提高了一倍以上，并首次使用了经过认证的再生金。通过优化生产制造流程的材料利用率，提高产品中循环利用材料的含量，不断降低产品制造过程的碳足迹。例如，配备视网膜显示屏的 MacBook Air，使用 100%再生铝金属制造的机身外壳，其碳足迹减少一半。在材料方面，公司设计环境检测实验室，针对苹果产品中超过 4 万个组件进行有害物质测试，确保产品中不含有害物质，为后续的安全回收和重复利用打下基础。例如，公司所有总装工厂禁止了苯、正己烷、甲苯和氯代有机物等有毒有害物质的使用，致力于研发更安全的新材料来替代它们。目前，供应商总装工厂已 100%采用更安全的清洗剂和去脂剂。

此外，在绿色包装方面，公司致力于使用回收率更高、对环境影响更小的纤维替代品，以此取代大号塑料托盘、塑封包装和泡沫减震材料。当前，苹果公司已实现了产品和包装完全采用可再生材料或可回收材料的目标，所有零售包装 100%采用负责人方式采购的木制纤维制造；99%以上的产品包装用纸都来自可持续发展森林和循环利用材料。例如，所有的 MacBook Air 和 Mac mini 的外壳材料均为可回收铝，所有零售包装材料均为木质纤维。在能耗方面，在产品设计阶段围绕软件运行效率和各部件用电需求，苹果公司不断优化设计改善产品能效。截止 2021 年，苹果符合条件的产品中 99%以上的产品获得能源之星的卓越能效评级，从源头降低产品的能源消耗。

传统线性供应链中，材料经过开发被制造成产品，使用之后直接被填埋，造成原材料资源的浪费。苹果公司提出 Apple Renew 计划，鼓励用户通过该计划回收旧设备，打造循环闭环的绿色供应链。目前，苹果公司利用自主研发的机器人流水线实现回收收集的自动化拆解，回收的手机铝金属机身可以用来制造总装工厂自用的 Mac mini 电脑，回收的主板会运送至专业回收机构来收集高价值金属，实现铜、锡和贵金属的资源循环利用。

5.4.2 华为公司

华为致力于减少生产、运营等过程中，以及产品和服务全生命周期对环境的影响，通过创新的产品和解决方案促进各行业的节能减排和循环经济发展。当前华为主力产品的平均能效提升为2019年（基准年）的1.9倍，2021年使用的可再生能源电量超过3亿kWh，相比前一年增加42.3%；推动98%的Top100供应商和高能耗型供应商设定碳减排目标；新一代P50旗舰机系列较P40系列，包装塑料含量降低89%，塑料占比低于1%。

在材料方面，积极选用高质量的环保再生材料，减少从矿产源头直接取材，目前各类产品中共计使用了包括纸张、金、铝、钴、锡等十种可再生物料，并和材料供应商持续探索更多优质再生材料应用于产品的可能性。自2016年起，严格遵循手机产品法规要求进行有害物质管理，从源头处开展有害物质减量化设计，降低产品对环境的影响。在满足国内外有害物质管理法规要求的基础上，公司主动限制使用法规外的有毒有害物质，如聚氯乙烯、邻苯二甲酸酯、三氧化二锑等，同时推进环境友好材料在产品中的应用，如在Mate、荣耀等系列共10款手机产品上使用可再生生物基塑料。在2020年增加了玻璃中砷的管控，避免LCD玻璃和玻璃后壳物料供应商在玻璃生产制造过程添加该物质造成环境污染和人体伤害。2013年以来，公司逐步采用生物基塑料替代传统塑料材料，目前已广泛运用于华为手机的生产制造，大大减少了传统石化塑料生产过程中对环境的污染与破坏。在选用的生物基塑料当中，超过30%的生物基塑料由蓖麻油提炼而来，相对传统塑料，减少了62.6%的二氧化碳排放。

在产品能效方面，华为公司基于产品全生命周期环境影响方法，对自产设备开展系统评估，计算各阶段碳排放量，从多个维度不断降低产品能耗，发现网络设备及用户侧设备因使用期间设备耗电引起的碳足迹占比过大。因此，公司从源头出发，降低产品能耗，并加大使用可再生能源以大幅减少产品碳足迹。例如，华为Mate30手机芯片能效比上一代提升20%以上；对TOP应用开展不同场景的优化，以大幅降低产品功耗。联合“绿色软件联盟”推广应用低功耗设计实践，公司不断提升产品的续航时间，例如，Mate30 系列手机的应用续航时间相比 Mate20 系列提升 10%以上。此外，华为公司不断提升产品的耐用性，完善产品回收体系，建立电子废弃物处理系统。2020 年回收处理电子废弃物超过 4500 吨，全面提高了产品的资源利用效率。

5.4.3 联想公司

联想作为全球市场份额第一的个人电脑厂商、Top500 份额第一的超算提供商，已将科学减碳理念贯彻产品全生命周期过程。通过低能耗焊接工艺、废旧材料再生、可降解包装等创新设计，以及绿色供应链体系构建，提高资源、能源利用效率，减少有害物质使用，推进联想绿色可持续发展。作为联合国全球契约（UNGC）的企业成员，联想的绿色目标是在 2029~2030 财年，温室气体（范围 1、范围 2）绝对排放量减少 50%、部分价值链的碳排放强度降低 25%、实现温室气体“净零排放”。

在清洁生产方面，联想公司自有工厂成熟运用的 LTS 低温锡膏焊接技术，可大幅降低印制电路板翘曲率，大幅减少计算机生产环节碳排放。LTS 工艺使用低温焊接材料，焊接温度最高 180℃，比传统方法降低了 70℃左右。在焊接工序大幅降低电力消耗，直接缓解了制造过程中的高热量、高耗能问题。在材料方面，为应对塑料产生的环境问题，减少能源和资源浪费，自 2005 年以来，联想在部分满足性能的部件中使用回收利用的塑料材料，目前已经超过 1.1 亿 kg。所有的商用 PC 产品都已含有循环使用的塑料，其中 ThinkPad X1 Tianium，X12 和 X1 Yoga 5th 等产品中循环使用塑料含量更是超过 10%。此外，联想在生产中引入索尼开发的 SORPLAS 高性能可回收塑料。该塑料拥有良好的耐久性和耐热性，成分由最高可达到 99%的回收塑料制成，是更彻底、更环保的回收塑料。目前 ThinkPad 45W/65W 的电源适配器已准备应用 SORPLAS，将覆盖大约 85%的 ThinkPad 产品。产品包装也是联想推进节能环保绿色工艺的方式之一。

在包装方面，自 2018~2019 年，联想从 ThinkPad 计算机包装底板开始，逐步淘汰一次性塑料带、胶带及塑料薄膜。在产品外包装使用由竹子及甘蔗纤维制成的可降解生物材料包装，能缩小产品整体包装体积，有效降低运输中二氧化碳排放量。

5.4.4 惠普公司

惠普公司关注产品的整个生命周期，从原材料采购到产品设计、制造、使用和报废，在各个环节努力减少产品资源消耗、废物产生，以及对环境的影响，并提供相关的回收和循环利用服务。公司系统梳理了每一台惠普电脑的生命周期，逐步分析每一个环节的减排空间，将资源和能源的利用效率最大化，以实现惠普电脑全链路的节能减碳。

对于硬件制造商而言，提取和使用原材料的制造过程可能会消耗大量能源，进而带来严重的温室气体排放问题。为减少生产制造环节的能源消耗，惠普电脑在原材料使用上选择铝和镁两种金属，通过已有的基础设施实现材料的回收循环和再利用，提高了材料的使用效率，大幅降低了加工制造过程中的碳排放。此外，公司持续加大对回收塑料的投入和使用，以替代惠普电脑上无法回避使用的原生塑料材料，通过循环再生的方式减少材料浪费和环境污染。在产品设计中注重轻量化，通过优化结构和材料选择，减少产品的重量。例如，公司推出的“Touch Smart”商用一体机产品，基于绿色设计的理念，加入了触摸屏技术优化机箱的设计，实现了材料使用的节约和能耗的降低。这也有助于降低运输过程中的能耗，减少碳排放，并提高产品的资源效率。在材料选择和循环利用方面，惠普致力于采用环境友好型材料，积极寻求替代有毒有害物质的材料，如采用无卤素阻燃材料和低挥发性有机化合物。

电子产品在使用过程中造成的电力消耗也是能源消耗的重要组成部分。在能源效率方面，惠普在计算机和打印设备等产品中采用节能技术，如能源管理功能、省电模式和智能电源适配器，提高设备的能源效率，减少耗电量，从而减少对能源资源的需求。目前，惠普电脑通过了多项国际绿色环保标签认证，其中包括电子产品环境评估工具（EPEAT）认证。据统计，2020 年出货的惠普个人电脑中，共有 61%的机型通过了 EPEAT 认证，其中 16%的产品获得了

EPEAT 金牌认证。数据表明，自 2010 年以来，惠普电脑产品的能源消耗平均下降 47%，高能效产品设计带来的减碳效果显著。

在绿色包装方面，惠普公司在 2020 年使用模塑纤维包装的惠普电脑产品出货量高达 2400 万件，节省了 2997t 难以回收的塑料泡沫。此外，在物流托盘材料的选择优化上，使用生物绿色材料（废弃秸秆回收后制成秸秆托盘）替代原有的木制托盘。自 2017 年起，公司累计回收超过 9900t 秸秆，并用其生产了 21.48 万个环保货盘，大幅降低国内秋收时节的碳排放，减少了使用传统包装材料导致的资源浪费。

5.4.5　飞利浦公司

飞利浦公司基于循环经济战略，制订了“减少使用-延长使用-再次使用”的目标，通过软硬件的循环设计-循环制造和供应-循环使用寿命管理等产品全生命周期管理模式制定循环解决方案。公司制定了支持绿色设计要求的标准流程，侧重于四个重点绿色要素：能耗、包装、有害物质和循环性。

能源消耗通常是决定产品生命周期环境影响的重要因素之一。通过提高产品的能耗，有效减少产品全生命过程中的能耗和碳足迹。例如，飞利浦开发的诊断设备和监护系统具有高效能和可持续性，可以减少能源和资源的使用；开发高效节能的 LED 照明产品，可有效取代传统高能耗的照片产品，具有高效节能、长寿命和低碳排放的特点，可显著减少能源消耗和碳足迹；其在包装层面，飞利浦制定了公司内部应遵循的 6R 原则，在研究（Research）和保护（Reserve）中，制订完整的体系文件和指导政策来约束和管理包装印刷材料的选用和包装印刷设计的想法及思路，总体而言，通过使用轻质、低体积包装、使用可回收/生物基、可生物降解的内容物等方式，从包装材料的绿色选择和回收性能的维度推动绿色设计。在减量（Reduce）维度，不断优化包装印刷结构，使包装印刷达到“恰好”的状态；在回收（Recycling）维度，首选可再生和利于回收的材料；在重复使用（Reuse）维度，增加包装印刷的功能性，让包装印刷与产品充分结合；在再生（Recovery）维度，采用回收材料进行资源再生，在满足消费者喜好的同时达到相关绿色环保要求。例如，公司通过优化设计印刷将纸浆模包装印刷改成瓦楞纸板折叠包装印刷，同时优化对外包装印刷尺寸，减少材料使用和浪费，降低材料成本。针对塑料发泡类缓冲材料不环保的问题，公司利用玻璃产品的特点，采用瓦楞纸板折叠方式的包装作为电商包装的主要设计方式。玻璃灯泡相对塑料灯泡来说容易破碎，对此在瓦楞纸板上设计了固定孔以实现灯泡的充分固定。同时，考虑到产品重量与瓦楞纸板的强度问题，工程师寻找到了最佳契合的材料，节省了材料成本。基于测试标准的硬物冲击试验要求，在设计中根据实际情况加入适当的防护物或者增加缓冲的空间，可以保证产品在物流过程中的完全性和安全性。

在有害物质层面，通过尽量减少或消除有害物质的使用，减少产品对环境的影响。目前所有飞利浦家电厨房电器不含双酚 A（BPA）和双酚 S（BPS），并致力于逐步淘汰聚氯乙烯（PVC）和溴化阻燃剂（BFR）。在循环性层面，飞利浦的设计理念从线性设计向循环设计进行了转变，由获取、制作、处理向制造、使用、回收进行转变，意味着公司产品设计承载技术和生物循环的一个闭环循环。因此，自然资源不是被耗尽而是被再生，产品和材料也尽可能地保留和继续使用。公司研发的各类健康和个人护理产品（包括电动牙刷、理发器、剃须刀等）均采用绿色设计和制造的方法，通过使用可回收材料、采用低能耗设计等方式减少对环境的影响。此外，公司参与电子电器废物回收和循环利用项目，努力将产品和材料纳入循环供应链，以实现资源的最大化利用。

5.4.6 戴尔公司

戴尔公司作为全球电子信息行业和计算机制造领域的领袖企业，在生产过程中需要使用大量塑料，并且在产品包装层面对塑料材料有着巨大需求。面临日益严峻的塑料废弃物问题，戴尔基于资源闭环的理念和实践，降低了公司业务对环境的污染，实现可持续发展。首先，公司自 2014 年起创建了闭环塑料供应链，注重在设计产品时就考虑整个生命周期，包括重复使用、维修和可回收性，合理选择材料，对废弃塑料进行收集和再回收，并利用相关技术还原塑料，制造新的塑料部件，再应用于新产品中，实现塑料材料使用寿命的延长。

在回收再利用层面，戴尔使用可回收材料，优化产品能效，并提供设备回收服务。例如，戴尔 OptiPlex 7070 Ultra 台式机 90%的部件都可以被回收再利用。公司推出的一项名为“Green Packaging 2.0”的计划，旨在更大程度地使用循环再利用材料，并在全球范围内实现更高的包装循环再利用率。此外，公司也鼓励消费者将包装物送回，以便于循环再利用。2017 年，戴尔开始制作新型塑料托盘，而托盘的材料来源正是回收来的 1.6 万磅[㊀]即将沉入海底的塑料垃圾。戴尔从水道、海滩、海岸等附近地区回收塑料垃圾，通过各种废料处理器进行分拣，然后将其和高密度聚乙烯（HDPE）塑料混合，生成的混合物做成戴尔 XPS 笔记本的托盘，于 2018 年底将这种托盘更广泛地应用于 XPS 产品线和商用产品组合。目前，戴尔逐步推进把 XPS 笔记本的包装托盘中的海洋塑料含量百分比从 25%提高到 50%，增加了从海洋中回收的塑料量。部分新的戴尔 Latitude 二合一机型笔记本的包装托盘也使用了来自海洋塑料垃圾的回收成分，同时这些包装托盘中使用的其他材料，也全部来自消费后的再生材料。

在包装设计层面，公司通过改进包装设计实现包装材料消耗和浪费的减少。比如，公司已经停止使用包装泡沫，改为使用纸质等可回收或可生物降解的材料。此外，戴尔提出一种被称为“Multi-Pack”的解决方案，可以在单个包装中安全地装载多个产品，从而减少包装物。该方案是一种改良的打包方法，旨在提高包装效率并减少运输过程中对环境的影响。在传统的包装方法中，每个产品都单独打包，然后独立装箱运输。但在 Multi-Pack 解决方案中，多个产品一起打包，装在一个大的包装箱中进行运输，可显著减少使用的包装材料，减少空箱运输的频率，从而降低运输过程中产生的碳排放。在这种解决方案中，消费者收到的每个产品仍然有各自的小包装来保护产品，但由于减少了使用大的包装箱，可显著减少生产和处理这些包装材料所产生的废物，减少了对环境的影响，节省了运输和仓储空间，降低了运输成本，提高了包装和运输的效率。

㊀ 1 磅（lb）= 0.45359237kg。

5.4.7 索尼公司

索尼一直致力于推进绿色设计，并已将此纳入其企业战略。在 2010 年，索尼提出了“Road to Zero”的环保计划，目标是到 2050 年实现将所有业务活动的环境影响降至零。在产品设计方面，该计划要求所有新产品在其生命周期内的环境影响（包括能源效率、资源效率、化学品管理等）都要低于前一代产品。该环保计划主要围绕四个领域，包括气候变化、资源管理、化学物质管理和生物多样性。在每一个领域，索尼都设定了详细的中期和长期目标。

在气候变化领域，索尼设定了减少温室气体排放的目标，主要在产品生产制造阶段和使用阶段。通过绿色设计提高产品的能源效率，减少产品使用阶段的碳排放；同时优化生产过程，减少生产阶段的碳排放。例如，索尼的 BRAVIA 电视已经在设计中明显减少了电能消耗；Play Station 游戏主机通过提高电源系统的能耗效率并设计了不同耗电模式，较大幅度地减少每台机器的耗电量。

在资源管理领域，致力于通过绿色设计实现资源的高效利用，包括提高产品的寿命、使用再生循环材料和推动产品的回收利用。作为该公司一项重要的环保措施，索尼发起了一项倡议，鼓励消费者回收旧的索尼 BRAVIA 电视，这些电视的部分零部件可以用于生产新的电视。通过这种方式可有效减少新产品生产中的资源消耗和废弃物产生。在材料重用方面，索尼推出的可充电、可移动的电视远程控制器与音响的组合设备，其主要外壳材料使用的是索尼自研的再生塑料“SORPLAS”，通过这种方式可有效减少原材料的使用，提高材料的利用效率，降低碳足迹。

在化学物质管理领域，索尼努力减少有害化学物质在产品和其生产过程中的使用，并通过环保设计，减少产品在废弃后对环境的影响。公司遵守了全球范围内对电子产品中有害化学物质使用的法规并对其供应商开展定期审核。产品制造过程中，用于连接零件的焊锡是必不可缺的物质。然而，焊锡中所含的铅在废弃后极其影响环境，因此索尼积极推崇使用无铅焊锡。在公司内部积极开发无铅焊锡，并要求零部件供应商逐步实现焊锡的无铅化。

在生物多样性领域，索尼关注其业务活动对生物多样性的影响，尤其是在生产和废弃阶段。公司积极采取措施，与回收工厂等单位合作，构建回收体系，推进易于循环利用的设计，开展环保设施并参与自然保护活动，以保护和恢复生物多样性。

5.4.8 三星公司

三星公司已开展一系列可持续发展举措，包括再生材料的研发与应用、绿色包装设计，以及老旧设备再利用等。三星在2017年推出了Galaxy Upcycling计划，旨在通过重复使用和回收旧手机，将它们改装为各种不同的设备（如家庭安全设备、宠物护理设备、监控摄像头或者物联网设备），达到延长零部件使用寿命，提升材料利用效率的效果。在绿色包装层面，公司采用环保包装，使用可再生材料，提高回收效率，减少环境影响。例如，通过减少包装上的文字和图案，去除了传统用于电视包装箱的油基油墨，降低碳排放。此外，2020年三星在其电视产品中引入了“Eco-Package”设计，使用可重复使用和可循环的材料来包装其产品。环保包装带有打点线，因此用户可按照包装上的指示将其重新组装成各种实用物品，如小型家具、杂物箱或其他物品。这一创新性的设计通过鼓励用户重复使用包装延长了包装的使用寿命，减少包装材料的消耗和浪费。

在材料层面，公司逐步从再生塑料的广泛使用，到2022 Neo QLED8K电视和遥控器产品原料采用回收树脂，升级到2023年全新电视产品系列使用回收的海洋塑料替代太阳能遥控器20%的支架部件，逐步拓展绿色环保材料的应用。围绕高效能、低能耗的绿色产品设计目标，三星对众多产品的能源效率和性能进行优化，多类家电产品获得能效标签。例如，在保持电视产品画质、亮度和色彩等方面性能的前提下，降低产品的能源消耗。2023年，公司提高了太阳能遥控器的效率，产品背面一块太阳能板材可以在遥控器电量不足的时候通过吸收自然能源补充电量，减少一次性塑料的使用，有效提高清洁能源使用率。

本章小结

本章主要围绕电子电器产品设计案例展开讨论，首先阐述了施耐德电气绿色产品设计流程，包括调研、评价、要求分析、设计方案提出与评价。介绍了施耐德电气绿色设计工具及其使用方法，包括基于生命周期评价的环境指标评估，生态设计打分表。此外，围绕施耐德电气绿色设计成果，以及其他全球范围内知名企业的绿色设计案例展开分析讨论。

6

电子电器产品绿色设计系统平台

绿色设计方法体系相对完善，从产品全生命周期角度，设计发挥的作用贯穿价值链全流程，需要各业务部门通力合作。从设计任务执行角度，绿色设计任务流程一般从环保法规要求着手，依据环境影响要素分析开展绿色设计，并依据设计结果开展绿色产品评价。产品绿色设计需要集成产品全生命周期的数据流、信息流、物质流和能量流等，涉及企业生产运营活动的多个维度。绿色设计过程中需综合考量设计方法、关键要素信息、使能工具等多方面，以客户需求为导向，以环保法规为约束，以生产资源为条件。因此，绿色产品设计需要通过梳理各要素之间的关联机制，实现要素间的有效管理和协同运作，在满足产品功能、质量等基本需求的前提下，提高产品环境效益。

6.1 绿色设计系统面临的挑战

绿色设计涉及产品的全生命周期，包括设计、制造、使用、维护和废弃等多个阶段，涉及多个领域和利益相关者，绿色设计系统需要处理大量复杂的数据、信息和流程，同时要考虑不同产品类型、行业特点和地区差异等多样性因素，面临以下挑战：

1）绿色设计数据的质量和一致性：绿色设计系统需要依赖各种数据和信息，包括环境影响数据、材料属性数据、能源消耗数据等。确保数据的质量、准确性和一致性具有一定难度，因为数据可能来源不同、具有不同的格式和标准。当前，产品的绿色设计过程存在链条长、跨业务部门、使用工具多和数据信息不互通等挑战，产品绿色设计信息的产生、存储、分析和利用往往发生在不同的业务部门，数据信息存在多源异构且格式不统一的特征，在不同绿色设计相关软件的输入输出过程中，信息表达模式和通信标准难以统一。因此，绿色设计系统需要考量常规设计、生产制造等流程的数据管理，结合环保法规、环境信息，以及客户需求等要素，将产品数据流、信息流、物质流和能量流有效结合并加以利用。

2）绿色设计专业知识与能力：绿色设计涉及各种领域的知识和专业能力，包括环境科学、材料科学、工程技术等。设计团队需要具备跨学科的能力，以了解和应用不同领域的知识，从而进行有效的绿色设计。

3）绿色设计系统协同：绿色设计在企业业务部门各环节中产品信息可能存在耦合、冲突等问题，难以直接用统一的方式进行融合。绿色设计覆盖多业务部门，从需求分析、方案设计、设计评估到优化再设计等流程，产品的绿色信息流转于不同部门，但缺乏有效的信息提取、收集和分析方法。不同环节的工程师，他们的设计目标不同，设计资源和信息缺乏统一管理，导致绿色设计流程分散、实施效率低、协同管理难度大。绿色设计过程如何将各环节的产品信息进行有效集成，建立可重构、可扩展的表达模型是绿色设计系统集成的主要挑战之一。绿色设计系统集成需要将各个环节和利益相关者连接起来，促进信息共享、协同工作和决策支持。系统需要能够处理不同部门和利益相关者之间的协作和沟通，以确保绿色设计的一致性和有效性。

4）绿色设计系统集成：企业在实施产品绿色设计的过程中多集中于全生命周期评价，对某单一绿色性能进行分析和改进，使能工具多但是绿色信息的交互和反馈效率低，缺乏系统性、集成性的考量。产品开发的流程中，企业各业务部门会使用不同的信息管理系统，例如，CAD/SolidWorks 等软件用于产品模型设计，ANSYS//UG NX 等软件进行结构分析，SimaPro/GaBi 等软件用于产品全生命周期评价等，MES/ERP 等软件进行生产过程和资源管控，以支持产品的常规设计。然而，绿色设计在嵌入常规产品设计的过程中，可能存在数据结构不同、使能工具孤立、流程分散等问题，导致高效、协同、并行的绿色设计无法在企业里落地应用（见图6-1）。

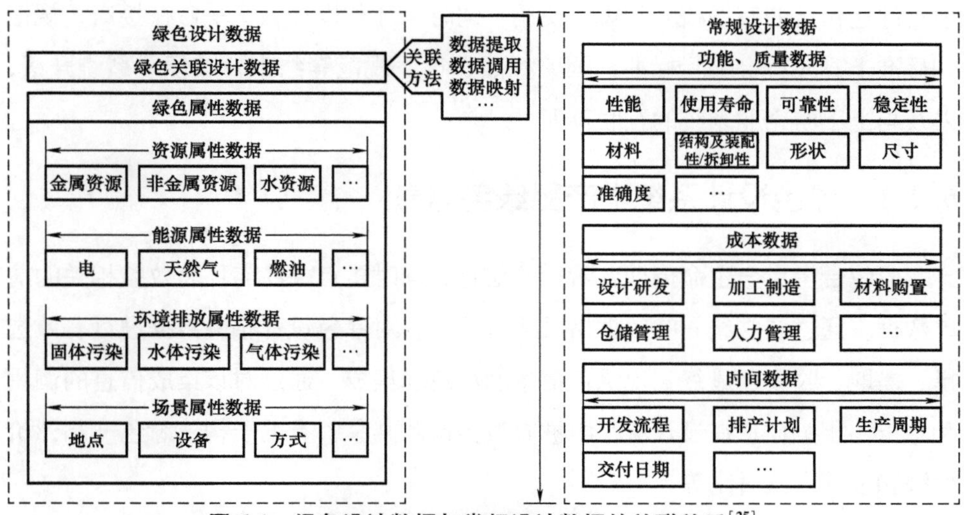

图6-1　绿色设计数据与常规设计数据的关联关系[25]

5）绿色设计系统持续改进和优化：绿色设计是一个持续改进的过程，需要不断更新和改进设计方法、指标体系和工具。绿色设计系统集成需要具备灵活性和可扩展性，以适应不断变化的环境要求和技术进步，从而实现可持续的绿色设计。

克服以上挑战需要综合运用技术、管理和组织手段，建立有效的信息管理和协同机制，培养跨学科的专业团队，并与各利益相关者合作，共同推动绿色设计的实施和持续改进。

6.2 绿色设计系统要素

产品绿色设计系统应以产品全生命周期为主线，遵循系统性、并行性、模块化和标准化原则。以系统工程思路，综合考量产品功能性、材料安全性、绿色环保性等设计要求，借助设计数据、工具、方法和流程的集成，实现产品绿色设计过程的高效管理、合理决策和优化设计。绿色设计过程应支持并行任务，设计的各阶段、各模块之间应基于产品数据流、信息流和物质流建立有效关联，并在绿色设计过程中实现数据和信息的交互，有效实现流程并行、数据并行和设计协同。此外，产品信息可以基于不同的功能用途进行模块划分，实现对绿色信息的有序梳理和规范使用。同时，绿色设计系统平台在接口、规范和标准上，应符合国际标准、国家标准和行业规范等约束，以便于系统升级，以及与上下游企业系统的互联互通。

6.2.1 绿色设计系统中产品绿色信息

应综合考量全生命周期各阶段的信息，同时重点关注与环境效益相关的清单数据。通过建立统一的数据格式或者标准，对绿色设计相关数据进行有效选择、提取、收集，最终实现绿色信息的汇总和集成。通过对该集成信息的调用和分析，相关信息在设计流程中被有效传递和共享，有助于构建绿色产品评价模型和设计方法对比等。

产品绿色设计方案的建模一般基于大量的、跨学科的各类数据或特征。除了产品物料清单等明确数据，绿色信息可以被视为一组有关于产品环境效益的数据集合，包括资源消耗、生态环境、人体健康等方面的影响。通过将产品环境信息进行抽象化表达，为产品绿色设计方案提供有效素材。设计部门工程师可以通过绿色信息的实例化，以及不同绿色元素的组合来实现产品方案的提出和优化。

6.2.2 绿色设计系统中流程优化

需要将绿色设计有效融入常规设计流程中，旨在解决绿色设计流程分散、实施效率低、各环节交互关系复杂等问题。绿色设计数据的多源异构问题表现得更加明显。其中，绿色关联设计数据是通过数据提取、调用和映射等方法获得的绿色设计数据，例如材料质量、设备功率等数据；而绿色属性数据主要指产品各阶段资源、能耗、环境排放等数据。

在绿色设计流程的优化设计中，面对各自流程目标可能存在的矛盾冲突，需以规定的总体宏观目标作为共同目标，必要时做出妥协，以保证总体目标的实现。在设计全流程中，子流程之间必须建立快速高效的通信连接，以实现数据和信息的互联互通，夯实流程协作的基础。此外，通过协调多部门、多设计主体和多设计需求，建立绿色设计流程模型，对产品绿色设计过程中的各种相关数据和信息进行定义和描述，最终通过逻辑性表达反应绿色设计过程中的各种要素和属性，为解决设计过程中的冲突和矛盾提供理论支撑和技术支持。

6.2.3　绿色设计使能工具箱

绿色设计使能工具是保证绿色产品研发生产具有可操作性的关键技术。当前通过使能工具设计产品全生命周期各环节，其功能、运行平台、操作系统和数据格式等存在差异，集成调用和协同难度大。因此，通过构建通用的、与平台和语言无关的虚拟技术层，可有效实现不同异构平台间的连接和集成，从而构建绿色设计使能工具箱。绿色设计使能工具包括产品全生命周期评估软件、材料选择软件、模块化设计软件、生态设计评估软件等，然而上述使能工具难以与现有业务流程目标（例如企业绿色发展目标、产品绿色标签及认证等）进行有效关联。常规设计与绿色设计流程如图 6-2 所示。

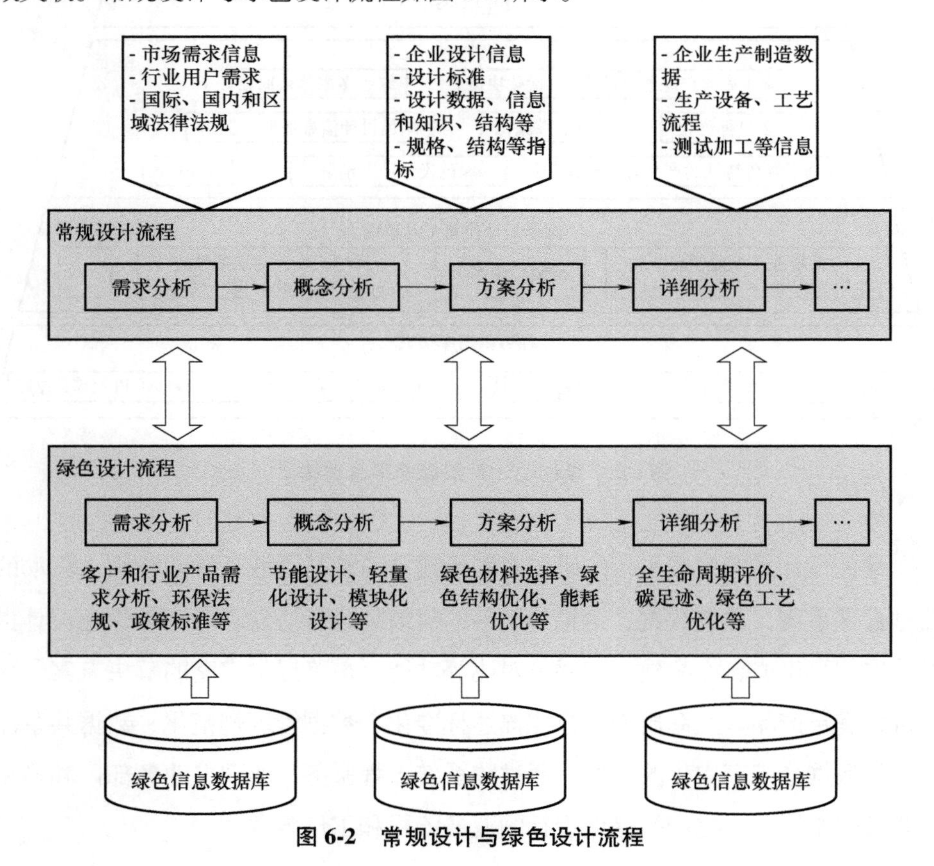

图 6-2　常规设计与绿色设计流程

6.3 绿色设计系统管理平台

以人工智能、云计算、工业互联网为代表的新兴技术日新月异，数字化、网络化和智能化是大势所趋，绿色设计的数字化升级也是企业实现可持续发展的重要抓手。面向产品绿色设计需求，系统管理平台将有效助力产品设计数据和信息的高效调用、设计评价结果快速生成和设计方案智能优化等。绿色设计系统管理平台架构如图 6-3 所示。

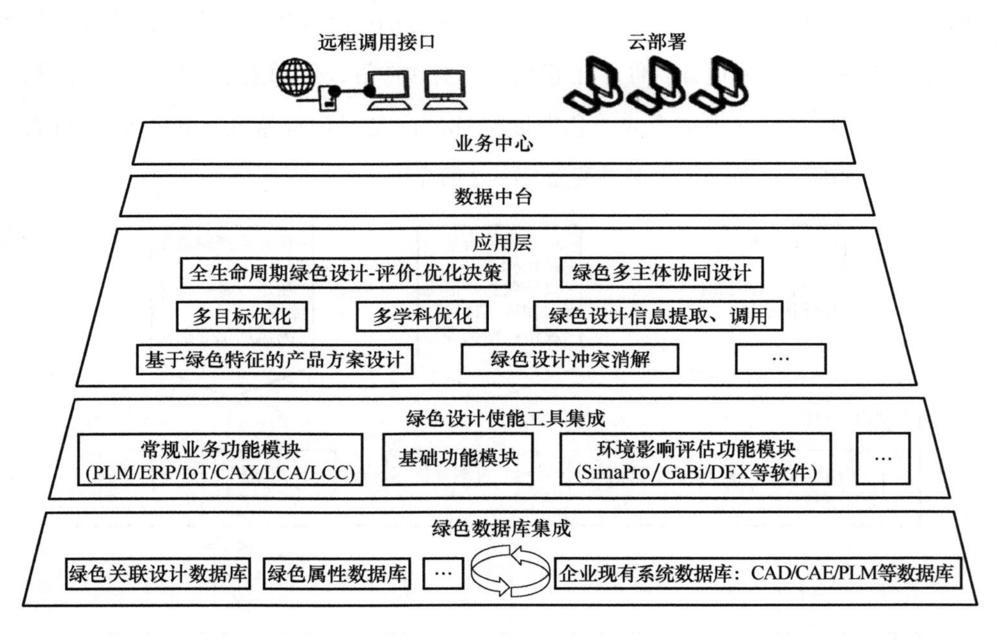

图 6-3 绿色设计系统管理平台架构[25]

绿色设计系统管理平台的研发有利于建立一种基于业务导向和需求驱动的信息管理系统，通过数据、信息和工具的有效集成和协作，为产品绿色设计提供数据信息集成、方案建模和评价对比等功能，最终提供完整的解决方案。该平台将满足产品全生命周期内数据描述标准化、数据管理规范化、数据共享流程化和数据分析事实化的功能。通过跨系统流程服务，实现多业务部门和多系统业务的系统，优化产品绿色设计的业务流程和工作效率[25]。

6.4 系统管理平台的应用

6.4.1 绿色电子电器产品设计与评价管理系统

面向电子电器产品绿色设计与评价管理的数字化、信息的透明化、操作的便捷化和成果的可视化目标，可基于产品相关环保法规要求和全生命周期评价要求，构建产品生态设计流程。通过生态设计目标和指标权重的合理设定，优化并完善产品生态设计方案。围绕企业绿色发展目标和产品绿色标签和认证双重目标，该管理系统对各设计方案下的绿色产品开展绿色评价，最终实现产品设计方案改进和产品绿色信息有效展示，如图 6-4 所示。

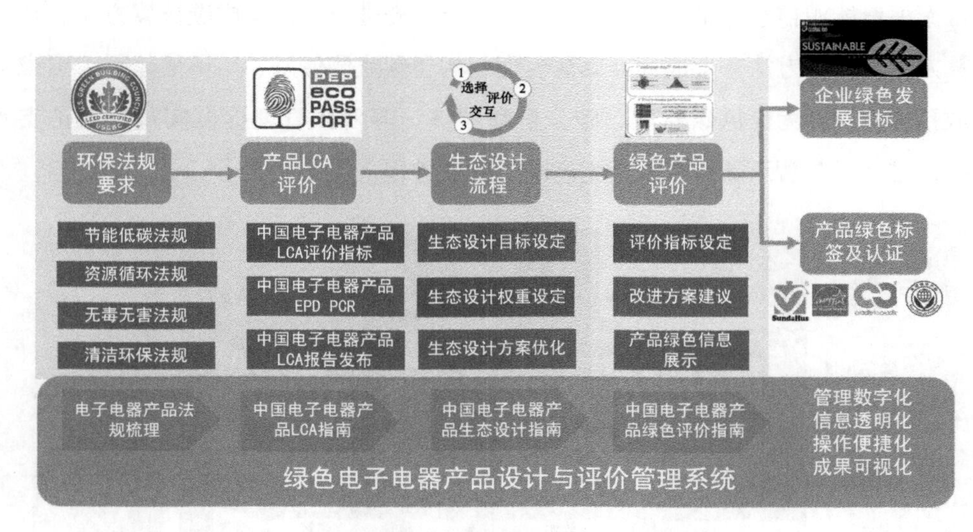

图 6-4 绿色电子电器产品设计与评价管理系统

将绿色设计和评价管理过程数字化，通过信息技术和软件工具，实现数据的采集、处理、分析和存储的数字化处理，提高工作效率和准确性。建立信息共享和传递机制，使得绿色产品设计信息在各个部门和利益相关者之间流通和共享。通过共享信息，可以提高各方对绿色设计和评价的理解和参与度，促进合作和协同工作。此外，可视化和自动化的工具可有效提高操作的效率和准确性，能够更加直观地展现绿色设计和评价结果，方便决策者和利益相关者对产品绿色性能进行评估和比较。通过该管理系统，使用者可根据产品相关的环保法规要求和全生命周期评价要求，制订产品生态设计流程，并对设计方案进行评价和改进。系统根据设定的绿色设计目标和指标权重，对不同设计方案进行评估和比较，优化和完善产品的生态设计方案。此外，该管理系统还可以帮助企业实现绿色发展目标，取得产品的绿色标签和认证，促进绿色产品的市场认可和推广。

6.4.2 智慧“能源+双碳”服务平台

智慧“能源+双碳”服务平台基于区域智慧能源服务平台，依托能源大数据应用，从政府、企业、交易市场三方视角，聚焦碳资产全过程管理。该平台汇聚海量能源信息，结合大数据、人工智能等先进技术，集成碳核算方法、计算方法及预测方法并形成标准算法模型，构建碳监测体系、碳评估体系、碳排放预测体系，为提供碳监测、碳分析和碳核证等双碳管理提供实践与理论支撑，推动了数智双碳综合服务生态圈的发展进程（见图 6-5）。

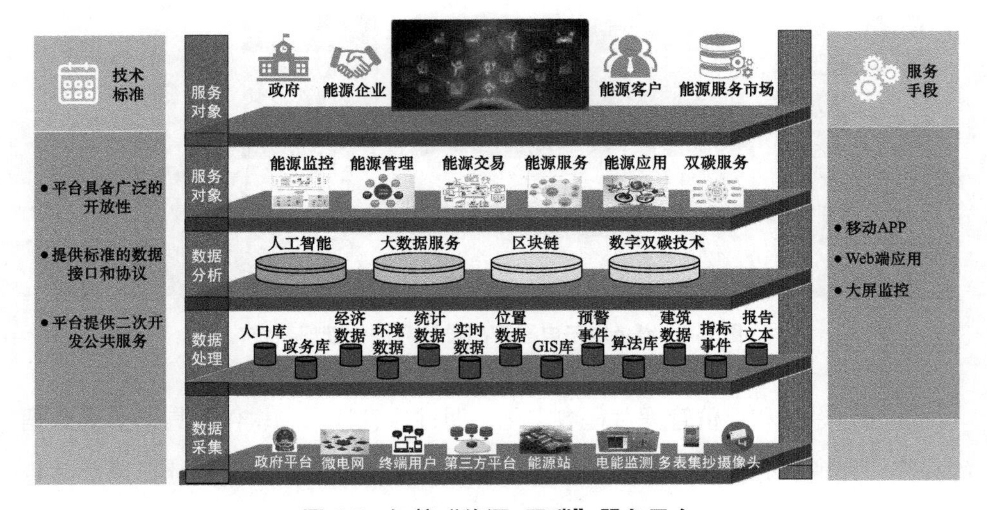

图 6-5 智慧“能源+双碳”服务平台

其中，平台的碳监测管理模块利用物联网技术，能够实时收集各个碳排放源的排放数据，实现对全区域内的碳排放情况进行实时监测和管理。同时，通过大数据和人工智能分析，平台可以对收集到的数据进行实时分析，及时发现碳排放的异常情况，并采取相应的管理措施。碳评估管理模块依托大数据和人工智能技术，实现对各个碳排放源的碳资产评估。通过评估，政府和企业可以了解自身的碳排放情况，明确自身在碳排放管理上的优势和不足，以便制订出更有效的碳减排策略。此外，该平台可以根据历史数据和当前数据预测未来的碳排放情况。通过预测，提前制订相应的应对措施，以避免因碳排放过多而带来的潜在风险。

通过智慧“能源+双碳”服务平台，可以实现碳监测、碳分析和碳核证等双碳管理的功能，帮助政府和企业更好地管理自身的碳排放。该平台的发展推动了数智双碳综合服务生态圈的进一步发展，通过数字化和智能化的手段，实现了对能源和碳排放等关键数据的管理和分析，为实现碳减排和可持续发展目标提供了重要的支持和指导。

6.4.3 新型电力系统管理平台

以新能源为主体的新型电力系统承载着能源转型的历史使命，是清洁低碳、安全高效能源体系的重要组成部分，以确保电力能源安全为前提、以满足经济社会发展电力需求为首要目标。南方电网基于云平台的互联网、人工智能、大数据、物联网等新技术，建设满足电网管理、服务、调度运行和运营管控的多功能业务平台，集成物流网平台、数字化平台和云平台，实现与国家工业互联网和粤港澳大湾区利益相关方的有效对接（见图 6-6）。

通过引入大数据分析和人工智能算法，平台可以自动监测电网状态，实时检测潜在故障并制订有效的应对策略。同时，物联网技术使得电网中的各个设备都能够进行实时通信，提高电网的响应速度和灵活性。此外，多功能业务平台能够提供一站式的电力服务，包括电力供应、电力质量监控、能源管理等。用户可以通过云平台随时随地访问这些服务，获取实时的电力数据，优化自身的能源使用。利用云计算和大数据技术，南方电网可以有效地调度新能源电力系统。系统可以根据实时的电力需求和供应情况，自动调整电力的分配和输送，确保电网的稳定运行。借助人工智能和大数据分析，南方电网能够实时监控电网的运行状态，预测未来的电力需求和供应情况，制订相应的运营策略。同时，通过物联网技术，电网中的各个设备可以自动汇报工作状态，有助于及时发现并处理问题。

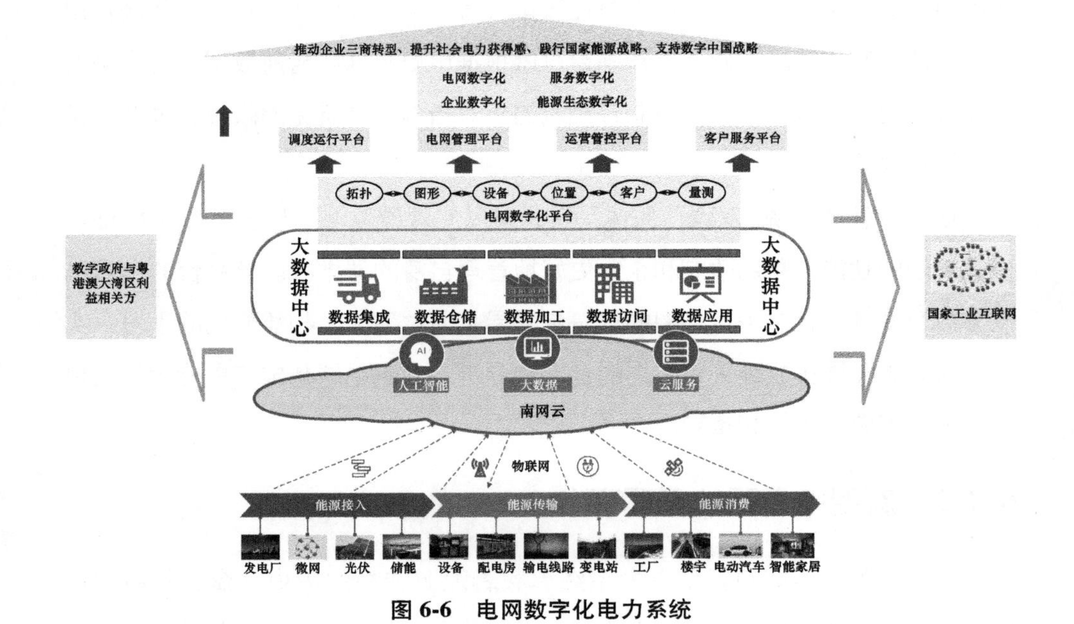

图 6-6　电网数字化电力系统

该平台能够有效整合电力系统中的各种资源和数据，并利用先进的技术手段进行数据和信息的分析和管理。通过互联网、人工智能、大数据等技术的应用，实现对电力系统的监测、调度、运营等方面的智能化管理。同时，该平台还能提供多样化的服务，满足用户的不同需求。通过技术的创新和应用，新型电力系统管理平台集成了物联网平台、数字化平台和云平台，对于推动清洁能源发展、提升电力系统效率、保障电力供应的安全性具有重要意义。

6.4.4　智慧物业管理平台

在物业管理行业，打造基于“1 个中心+1 个平台+4 大应用”的数字化管理平台，有助于实现物业管理的全面升级和效率提升。其中，物业管理中心主要负责物业管理的全方位决策和调度。通过数字化技术，物业管理中心可以追踪和管理物业资源，优化资源配置，制订和实施有效的物业管理策略，确保物业的正常运营和高效服务（见图 6-7）。数字化管理平台能够接入并统一管理百万台设备，实现区域内设备全互联。通过云计算、物联网、大数据等技术，平台可以对接物业内所有的设备和系统，实现设备信息的实时获取和分析，助力物业的智慧化运营。应用场景包括：①安防应用：结合物理安防和数字技术，实现物业安防的全面智能化。例如，通过人脸识别技术实现智能门禁，使用物联网技术实现火灾报警系统的智能化，使用大数据和人工智能技术实现安防事件的预警和智能分析；②运营管理应用：使用数字化技术提高运营管理的效率和效果。例如，通过数据分析和人工智能预测，可以预测和管理物业的能耗，提高能源效率；通过移动互联网和大数据技术，可以实现物业服务的智能调度和追踪，提高服务质量；③业务深度融合应用：将物业的各种业务进行深度融合，实现业务流程的数字化和智能化。例如，可以实现物业费用的自动计算和收取，业主服务请求的自动处理和调度，物业设备的自动检测和维护；

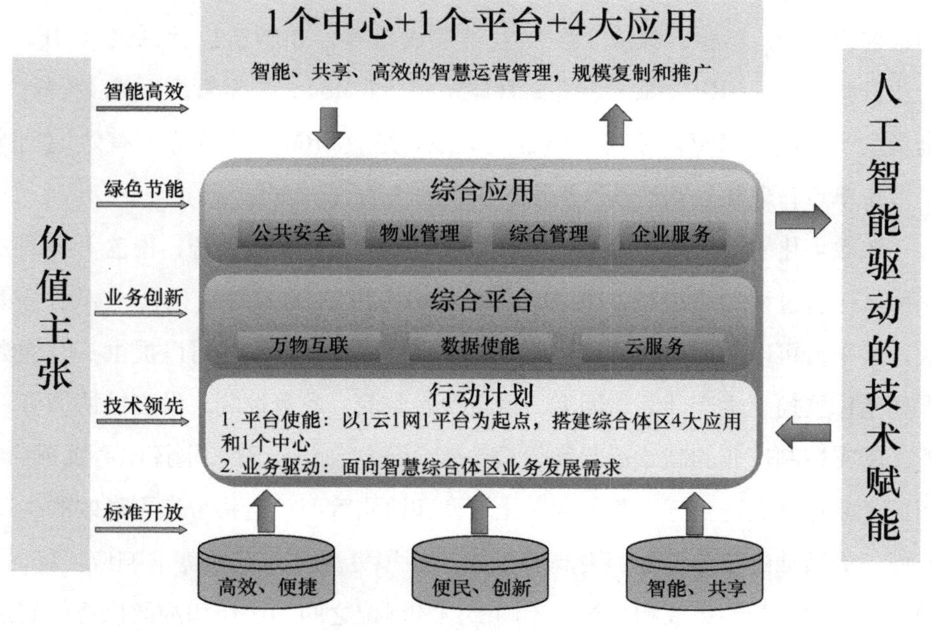

图 6-7　智慧物业管理平台

④社区服务应用：利用数字化技术提供高效的社区服务。例如，通过移动APP，业主可以随时随地提交服务请求，查看物业信息，参与社区活动；通过大数据和人工智能技术，物业可以了解业主的需求和偏好，提供个性化的社区服务。

该中心基于数字化使能技术支撑智慧物业应用的快速构建，接入并统一管理百万台设备，实现区域内设备全互联。同时，将物理安防、通信和业务深度融合，构建全融合、协同高效的管控平台，实现系统软件的统一部署，有助于实现数据信息的有效共享。

围绕四大应用场景，综合管理中心可实现运营服务全流程的信息化、可视化和智能化，有效提升运营管理效率和服务质量。该中心基于数字化技术、信息集成和智能分析，可为用户提供更高效的管理模式、更优的资源配置和更具竞争力的解决方案。

6.4.5 制造运营综合管理平台

在制造行业中，制造运营和指挥中心的融合是指将智能制造、物流、质量管控、供应链管理和供需动态管理等核心管理内容整合在一起，形成一个统一的数字化平台。该平台集成了各种业务模块软件，如制造执行系统（MES）、企业资源计划（ERP）系统、仓储管理系统（WMS）、质量管理系统（QMS）、全员生产管理（TPM）系统、供应商关系管理（SRM）系统等，有效地消除了传统单点管理和分割运营所带来的弊端。

该数字化平台以整体思维来部署和管理制造运营相关系统，覆盖了集团公司生产运营过程的全流程，并实现了数字化管控。通过数字化技术和信息集成，该平台可以实现对生产制造全局的全面掌控和管理。它可以提供实时的数据和指标监控、生产计划与调度、设备状态监测、质量控制、供应链协调等功能，以支持制造业的高效运营和管理决策。通过制造运营和指挥中心的融合，制造企业可以实现生产运营的数字化转型和协同管理。这将带来更高效的生产流程、更精准的资源调配、更高质量的产品和更快速的市场需求响应。同时，通过数字化平台的集成和共享，不同部门和岗位之间的协作和沟通也将得到加强，促进企业的协同作业和信息共享。

本章小结

本章阐述了当前绿色设计是一项系统工程，绿色设计系统的构建面临的数据信息多源异构、跨部门跨流程融合难等挑战。首先梳理了绿色设计系统的要素，明确产品绿色信息组成；通过对比常规设计与绿色设计流程，明确绿色设计系统中的流程优化，并提出绿色设计使能工具箱概念。此外，本章介绍了绿色设计系统管理平台的作用，并列举当前各行业管理平台的构建方法与功能效用。

结束语

绿色设计围绕产品全生命周期各阶段，基于产品相关的技术、环境等信息，旨在设计出满足技术先进性、环境协调性和人体健康友好性的产品。绿色设计一直都是工业界和学术界关注的焦点，不仅对环境保护和生态环境有深远的影响，也为企业的可持续发展带来实实在在的机遇和挑战。本书是在总结国内外最新资料的基础上，结合作者多年的研究和工作成果编写成的。

本书介绍了绿色设计的概念、发展历程，以及国内外的现状，讨论了基于全生命周期的绿色产品设计体系，并详细介绍了电子电器产品的绿色设计研究。此外，本书提供了一套实用的绿色产品设计流程，从目标设定，方法识别，到产品评价，通过这一系列的步骤可以帮助工程师创造出符合绿色设计原则的产品。

本书还展示了一些实际的绿色设计案例，包括施耐德电气、苹果公司、华为公司和联想公司等，提供了实际的解决方案和启示，展示了绿色设计在实践中的成功应用。最后围绕电子电器产品绿色设计系统平台展开，以及它所面临的挑战和潜在的解决方案。编者强调了信息、流程优化和工具箱在这个系统中的关键作用，并分享了一些具有前瞻性的系统管理平台应用。

电子电器产品的绿色设计方法将环保、可持续性和经济效益紧密地结合在一起，不仅可以帮助我们解决当今世界面临的环境问题，也可以为企业和行业带来新的机遇和发展。希望书中的内容能够激发更多的思考和探索，推动绿色设计领域的发展和进步。

在“双碳”这场广泛而深刻的社会和经济变革要求下，企业需从产品设计、生产、交付到运营维护的全生命周期中更加积极地践行可持续发展。施耐德旨在通过应用绿色低碳需求分析、绿色产品和包装、环境评价与生态设计等环保合规性评估、设计方法和管理方案，助力客户应对海内外市场的环保低碳挑战、巩固绿色安全供应链基础，提升绿色低碳环保形象，携手行业伙伴共赴可持续未来。

参考文献

[1] 联合国．可持续发展目标 11：建设包容、安全、有抵御灾害能力和可持续的城市和人类住区［EB/OL］．（2015-09-25）［2023-03-31］．https://sdgs. un. org/zh/2030agenda.

[2] WATTS N，AMANN M，ARNELL N，et al. The 2020 report of the Lancet countdown on health and climate change：responding to converging crises［J］. Lancet，2021，397（10269）：129-170.

[3] 林雪萍．打造未来碳金竞争力：中国工业企业实现碳中和之路［R/OL］.（2021-11-15）［2023-03-31］．https://www. schneider-electric. cn/zh/download/document/998-21585289/.

[4] 中国气象局．IPCC 第六次评估报告第一工作组报告系列解读五：人类活动影响升温趋势［EB/OL］．中国气象报社．（2021-11-11）［2023-09-24］．https://www. cma. gov. cn/2011xwzx/2011x9xxw/2011x9xyw/202111/t20211111-587298. html.

[5] OLHOFF A，CHRISTENSEN J M. Emissions gap report 2020［EB/OL］．UNEP DTU Partnership.（2020-03-15）［2023-09-24］．https://www. unep. org/emissions-gap-report-2020.

[6] 同济大学设计学院．可持续发展［Z/OL］．（2021-11-10）［2023-03-31］．https://zhuanlan. zhihu. com/p/431707645.

[7] European Commission. Circular Economy Action Plan［EB/OL］．Brussels：European Commission.（2020-03-11）［2023-03-28］．https://europanels. org/

european-policy-developments/circular-economy-package-waste-framework-directive/.

[8] European Commission. Proposal for a Regulation on Ecodesign for Sustainable Products [EB/OL]. Brussels: European Commission. (2020-03-30) [2023-03-31]. https://europanels. org/? s=+Proposal+for+a+Regulation+on+Ecodesign+for+Sustainable+Products.

[9] 国务院. 国家中长期科学和技术发展规划纲要（2006-2020）[EB/OL].（2006-03-30）[2023-06-18]. http://www. gov. cn/gongbao/content/2006/content_240244. htm.

[10] LEWIS H, GERTSAKIS J, GRANT T, et al. Design+ environment: a global guide to designing greener goods [M]. London: Routledge, 2017.

[11] Database & Support team at PRé Sustainability. SimaPro database manual Methods Library [DB/OL]. (2023-03-01) [2023-09-24]. https://simapro. com/wp-ontent/uploads/2023/04/DatabaseManualMethods. pdf.

[12] CURRAN M A, NOTTEN P. Summary of global life cycle inventory data resources [R]. Paris: UNEP/SETAC Life Cycle Initiative, International Life Cycle Panel, 2006.

[13] 杨宇涛，查丽. 电子电气产品生态设计与绿色评价指标体系 [J]. 信息技术与标准化，2017，386（Z1）：17-20，24.

[14] 彭玲，杜岩岩，汪年结，等. EPR 制度下的电子电器产品绿色制造实践——以长虹为例 [J]. 机电产品开发与创新，2018，31（4）：4-6.

[15] 张雷，彭宏伟，刘志峰，等. 绿色产品概念设计中的知识重用 [J]. 机械工程学报，2013，49（7）：72-79.

[16] 王黎明，李龙，付岩，等. 基于绿色特征及质量功能配置技术的机电产品绿色性能优化 [J]. 中国机械工程，2019，30（19）：2349-2355.

[17] 彭安华，肖兴明. 基于生命周期评价的绿色材料多属性决策 [J]. 机械科学与技术，2012，31（9）：1439-1444.

[18] 蒋诗新，陈冰泉，胡宁，等. 电子电器产品绿色设计方法以及系统：CN112231891A [P] 2021-01-15.

[19] 陶璟. 面向方案设计阶段的产品生命周期设计方法研究 [D]. 上海：上海交通大学，2014.

[20] DAHMANI N, BENHIDA K, BELHADI A, et al. Smart circular product design strategies towards eco-effective production systems: A lean eco-design industry 4.0 framework [J]. Journal of Cleaner Production, 2021, 320: 128847.

[21] 李方义. 机电产品绿色设计若干关键技术的研究 [D]. 北京：清华大学，2002.

[22] HEDBERG T, FEENEY A B, HELU M, et al. Toward a Lifecycle Information Framework and Technology in Manufacturing [J]. Journal of Computing and Information Science in Engineering, 2017, 17 (2): 021010.

[23] 付岩，王黎明，李方义，等. 基于 FSMP 模型的机电产品绿色设计方案生成方法 [J]. 计算机集成制造系统，2023，29 (4)：1301-1312.

[24] REN S, ZHANG Y, LIU Y, et al. A comprehensive review of big data analytics throughout product lifecycle to support sustainable smart manufacturing: A framework, challenges and future research directions [J]. Journal of Cleaner Production, 2019, 210: 1343-1365.

[25] 向东，牟鹏，李方义，等. 机电产品绿色设计理论与方法 [M]. 北京：机械工业出版社，2022.